ÉLÉMENTS

D'ARITHMÉTIQUE

AVEC DE NOMBREUX EXERCICES

Par F. J.-O. P.

CHEZ LES ÉDITEURS

TOURS	PARIS
ALFRED MAME & FILS	POUSSIELGUE FRÈRES
Imprimeurs-Libraires	Rue Cassette, 27

ÉLÉMENTS

D'ARITHMÉTIQUE

Tout exemplaire qui ne sera pas revêtu des trois signatures
ci-dessous sera réputé contrefait.

Les Éditeurs,

Le Cours élémentaire de Mathématiques comprend les ouvrages
suivants :

ÉLÉMENTS D'ARITHMÉTIQUE.
— D'ALGÈBRE.
— DE GÉOMÉTRIE.
— DE TRIGONOMÉTRIE.
— D'ARPENTAGE ET DE NIVELLEMENT.
— DE GÉOMÉTRIE DESCRIPTIVE.

COURS ÉLÉMENTAIRE DE MATHÉMATIQUES

ÉLÉMENTS

D'ARITHMÉTIQUE

AVEC DE NOMBREUX EXERCICES

Par F. J.-O. P.

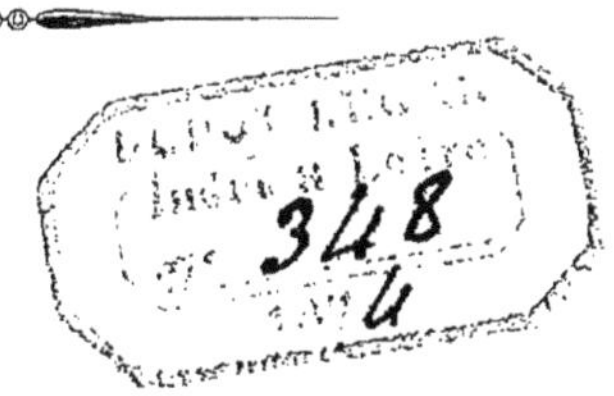

CHEZ LES ÉDITEURS

<table>
<tr><td>TOURS</td><td>PARIS</td></tr>
<tr><td>ALFRED MAME & FILS</td><td>POUSSIELGUE FRÈRES</td></tr>
<tr><td>Imprimeurs-Libraires</td><td>Rue Cassette, 27</td></tr>
</table>

TABLE DES MATIÈRES

a*

CHAPITRE III

DIVISIBILITÉ ET NOMBRES PREMIERS

CHAPITRE IV

FRACTIONS

CHAPITRE V

RACINES

CHAPITRE VI

SYSTÈME MÉTRIQUE

CHAPITRE VII

CHAPITRE VIII

APPROXIMATIONS NUMÉRIQUES

APPENDICE

Cet ouvrage, très-complet, quoique peu volumineux, se recommande par la clarté et le rigoureux enchaînement de sa doctrine. Toutes les théories exigées dans les examens du baccalauréat ès sciences et du diplôme d'études y sont exposées avec une juste étendue et conformément aux méthodes modernes.

Plus de deux cent cinquante questions, choisies surtout parmi celles qui ont été adressées aux candidats dans les sessions d'examens, y sont proposées en forme d'exercices à la fin de chaque chapitre.

La partie du maître, qui renferme la démonstration des théorèmes et les solutions des problèmes donnés en exercices, paraîtra en même temps que l'ouvrage.

OBSERVATION

Pour l'étude des progressions et des logarithmes, nous renvoyons à l'*Algèbre*, conformément aux prescriptions des programmes.

On trouvera en appendice des notions sur les divers systèmes de numération, et sur l'emploi de la Règle à calcul.

ERRATA

Page 22, ligne 13ᵉ, au lieu de (8 — 7), *lisez* (8 — 7) 5.
Page 51, ligne 13ᵉ, au lieu de $r_{n-1} > r_n$, *lisez* $r_{n-1} > 2\,r_n$.
Page 88, ligne 20ᵉ, au lieu de 457000, *lisez* 457000^2.

INTRODUCTION

I. *Les* MATHÉMATIQUES *sont des sciences qui ont pour objet l'étude des grandeurs ou quantités.*

II. Elles comprennent :

1º L'ARITHMÉTIQUE, qui étudie les grandeurs considérées comme nombres;

2º La GÉOMÉTRIE, ou science de l'étendue;

3º La MÉCANIQUE, ou science des forces;

III. A l'Arithmétique se rapporte l'ALGÈBRE, qui généralise l'étude des nombres et de leurs propriétés.

IV. A la Géométrie se rapportent la TRIGONOMÉTRIE et la GÉOMÉTRIE DESCRIPTIVE.

V. A la Mécanique se rapporte l'ASTRONOMIE.

VI. On distingue :

1º Les MATHÉMATIQUES PURES, qui étudient les grandeurs en elles-mêmes.

2º Les MATHÉMATIQUES APPLIQUÉES, qui considèrent les grandeurs dans leurs applications au commerce, à l'industrie, aux arts.

VII. Les principes sur lesquels s'appuient les Mathématiques peuvent être évidents par eux-mêmes ou par suite d'une démonstration.

VIII. Un AXIOME est une vérité évidente par elle-même.

Voici quelques axiomes employés en arithmétique.

1º *Deux quantités égales à une troisième sont égales entre elles;*

2° *Un tout est égal à la somme de ses parties ;*

3° *Une somme ne change pas de valeur quand on intervertit l'ordre de ses parties ;*

4° *Lorsqu'on effectue les mêmes opérations sur chaque membre d'une égalité, on obtient des résultats égaux.*

IX. Un THÉORÈME est une proposition qui devient évidente à l'aide d'une démonstration.

X. Un problème est une question qui demande une *solution*.

XI. Pour la résolution des problèmes, on emploie l'*analyse* ou la *synthèse*.

Dans l'*analyse*, on va du connu à l'inconnu ; dans la *synthèse*, on n'a qu'à appliquer une *règle* dont l'exactitude a été établie.

XII. La RÉCIPROQUE d'une proposition est une proposition formée par la première dont on renverse les termes ; c'est-à-dire que l'on prend la conclusion du théorème pour hypothèse, et son hypothèse pour conclusion. La réciproque n'est pas toujours vraie.

XIII. Un COROLLAIRE est une CONSÉQUENCE que l'on tire d'une ou de plusieurs propositions précédemment établies.

XIV. Un SCOLIE est une remarque faite sur une ou plusieurs propositions déjà établies.

XV. Une HYPOTHÈSE est une supposition vraie ou fausse que l'on fait au début d'une démonstration.

XVI. Une DÉFINITION est l'explication d'un terme. Elle diffère des propositions en ce qu'elle est basée sur une *convention*, tandis que les propositions s'appuient sur l'*évidence*.

La définition est un fondement aussi solide pour le raisonnement que l'axiome et le théorème démontré.

—

ÉLÉMENTS
D'ARITHMÉTIQUE

CHAPITRE I

—

§ I. — DÉFINITIONS PRÉLIMINAIRES

1. On appelle *grandeur* tout ce qui est susceptible d'augmentation ou de diminution.

2. On distingue deux sortes de grandeurs : les *grandeurs continues* et les *grandeurs discontinues*.

3. Les *grandeurs continues* sont celles qui ne sont pas formées de parties distinctes ; par exemple, la longueur d'un chemin, la superficie d'un champ, la contenance d'un bassin, la durée d'un phénomène, etc. Ce sont les *grandeurs proprement dites*.

4. Les *grandeurs discontinues* sont celles qui sont formées de parties distinctes ; par exemple, un groupe d'individus, une corbeille de fruits, une rangée d'arbres, etc.

Les grandeurs discontinues sont plus spécialement désignées sous le nom de *quantités*.

5. L'*unité* est une grandeur qui sert à mesurer une autre grandeur de même espèce. Ainsi *mesurer* une grandeur, c'est la comparer à une grandeur semblable prise pour unité.

6. L'unité est *arbitraire* ou *déterminée*. L'unité est *arbitraire* quand elle *n'est pas imposée* par la nature de la grandeur à mesurer.

Dans les grandeurs continues, l'unité est arbitraire. S'il s'agit, par exemple, de mesurer une longueur, on peut prendre à volonté le mètre ou le décamètre, ou toute autre mesure linéaire.

L'unité est *déterminée* quand elle est *imposée* par la nature de la grandeur mesurée.

Dans les grandeurs discontinues, l'unité est imposée. S'il s'agit, par exemple, de compter des arbres, l'arbre est nécessairement l'unité.

7. Un *nombre* est l'expression du *rapport* d'une grandeur comparée à l'unité adoptée. Ainsi le rapport est le *résultat* de la comparaison; le nombre est l'*expression* du rapport.

8. La comparaison d'une grandeur à son unité peut donner trois sortes de nombres : les *nombres entiers*, les *fractions* et les *nombres fractionnaires*.

Un nombre est *entier* lorsque l'unité est contenue exactement dans la grandeur mesurée.

Une *fraction* est l'expression d'une grandeur moindre que son unité.

Un *nombre fractionnaire* est un nombre composé d'un nombre entier et d'une fraction.

9. Ces différentes sortes de nombres sont *abstraits* ou *concrets*.

Les nombres *abstraits* sont ceux dans lesquels la nature de l'unité *n'est pas indiquée*. *Ex.* : Trente, quarante-cinq, soixante-dix, etc.

Les nombres *concrets* sont ceux dont la nature de l'unité *est indiquée*. *Ex.* : Trente francs, soixante-dix personnes, quarante-cinq kilomètres, etc.

10. L'*arithmétique* est la science des nombres ; l'arithmétique enseigne à exprimer et à représenter les nombres *abstraits* ; elle en démontre les propriétés principales, et donne des règles pour effectuer les calculs.

§ II. — NUMÉRATION

11. La *numération* est l'art d'exprimer et de représenter les nombres.

12. On distingue deux sortes de numérations : la *numération parlée* et la *numération écrite*.

1° NUMÉRATION PARLÉE DES NOMBRES ENTIERS

13. La *numération parlée* est l'art d'exprimer les nombres avec quelques mots convenablement combinés.

On appelle *noms de nombres* les mots dont on se sert pour exprimer les nombres. Les noms de nombres peuvent être choisis arbitrairement.

14. On a d'abord donné un nom particulier aux premiers nombres ; ce sont : *un, deux, trois, quatre, cinq, six, sept, huit, neuf.* Chacun des neufs premiers nombres exprime des *unités simples* ou de *premier ordre*.

15. Le nombre suivant est appelé *dix* ou *dizaine* ; c'est l'unité de *second ordre*, qui comprend dix unités simples.

1° On compte par *dizaines* comme on a compté par *unités simples* ; on dira : *une dizaine, deux dizaines, trois dizaines... neuf dizaines.* Ces expressions sont remplacées par les suivantes : *dix, vingt, trente, quarante, cinquante, soixante, septante, octante, nonante.* Aux trois dernières, on substitue ordinairement celles-ci : *soixante-dix, quatre-vingts, quatre-vingt-dix,* bien que moins conformes à l'analogie.

2° On forme les noms des neuf nombres compris entre les dizaines consécutives en joignant les noms des neuf premiers nombres au nom de chacune des neuf collections de dizaines ; on devrait dire : *dix-un, dix-deux, dix-trois, dix-quatre, dix-cinq, dix-six* ; comme on dit : dix-sept, dix-huit... quarante-deux..., etc. ; mais aux six premiers de ces noms, l'usage a substitué ces autres noms : *onze, douze, treize, quatorze, quinze, seize.*

16. 1° Une collection de dix dizaines est apppelée *centaine* ou *cent* ; c'est l'unité de *troisième ordre.*

2° On compte par *centaines* comme on a compté par *dizaines* et par *unités simples : une centaine, deux centaines..., neuf centaines,* ou plus simplement, *cent, deux cents..., neuf cents.*

3° On forme les noms des nombres compris entre deux centaines consécutives en joignant au nom de chaque collection de centaines les noms des quatre-vingt-dix-neuf premiers nombres : *cent un, cent deux..., cent-quatre-vingt-dix-neuf..., neuf cent un, neuf cent deux..., neuf cent quatre-vingt-dix-neuf.*

4° Le groupe des trois premiers ordres d'unités constitue la *première classe d'unités,* ou *classe des unités simples.*

17. 1° Une collection de dix centaines est appelée *mille* ou *unité de seconde classe.*

2° La *classe des mille,* comme celle des *unités simples ,* renferme des *unités,* des *dizaines* et des *centaines* qui constituent les 4e, 5e *et* 6e *ordres.*

3° On forme les noms des nombres compris entre deux mille consécutifs en ajoutant au nom de chaque collection de mille les noms des neuf cent quatre-vingt-dix-neuf premiers nombres.

18. 1° Une collection de *dix centaines de mille* ou mille mille s'appelle *million* ou *unité de troisième classe.*

2° La *classe des millions,* comme celle des *mille* et celle des *unités simples,* renferme des *unités,* des *dizaines* et des *centaines* qui constituent les 7e, 8e *et* 9e *ordres.*

3° On forme les noms des nombres compris entre deux millions consécutifs en joignant au nom de chaque collection de millions les noms des neuf cent quatre-vingt-dix-neuf mille neuf cent quatre-vingt-dix-neuf premiers nombres.

En continuant ainsi, on obtient des billions (milliards en terme de finances), *unité de quatrième classe,* puis les trillions, les quatrillions, etc.

19. Remarque. *Dix* unités d'un *ordre* quelconque valent *une* unité de l'*ordre immédiatement supérieur. Mille* unités d'une classe valent *une* unité de la *classe immédiatement supérieure.*

2° NUMÉRATION ÉCRITE DES NOMBRES ENTIERS

20. La *numération écrite* est l'art de représenter les nombres.

21. Pour représenter ou écrire les nombres, on se sert de *caractères conventionnels* appelés *chiffres.*

Ces caractères sont :

$$1, 2, 3, 4, 5, 6, 7, 8, 9, 0.$$

Les neuf premiers chiffres représentent les nombres : *un, deux, trois, quatre, cinq, six, sept, huit, neuf.*

Ils sont appelés *chiffres significatifs,* parce que, en vertu d'une *convention,* ils représentent par eux-mêmes une valeur.

Le dixième caractère, appelé *zéro,* ne représente par lui-même aucune valeur.

22. Convention fondamentale. *Tout chiffre placé à la gauche d'un autre représente des unités dix fois plus grandes que celles qui sont représentées par cet autre ;* en d'autres termes, *il représente des unités de l'ordre immédiatement supérieur.*

Ainsi, lorsque le premier chiffre à droite d'un nombre représente des *unités*, le chiffre écrit immédiatement à gauche de ce premier représente des *dizaines*; le troisième représente des *centaines*, etc.

Dans 627, il y a 6 centaines, 2 dizaines, 7 unités.

23. Chaque chiffre a donc *deux valeurs* : une *valeur absolue* et une *valeur relative*.

La *valeur absolue* d'un chiffre est la valeur qui dépend de la forme *convenue* de ce chiffre; il conserve cette valeur, quelle que soit sa place dans un nombre.

La *valeur relative* d'un chiffre est la valeur que lui donne le *rang qu'il occupe* dans un nombre.

MANIÈRE D'ÉCRIRE UN NOMBRE

24. Il y a deux cas a considérer :

1er **Cas.** *Le nombre est moindre que mille.* Soit à représenter le nombre *quatre cent trente-cinq*, qui renferme 4 *centaines*, 3 *dizaines* et 5 *unités* ; on écrira d'abord le chiffre 4, qui représente les centaines ; à sa droite le chiffre 3, qui représente les dizaines ; et à droite du chiffre 3 le chiffre 5, qui représente les unités : on aura ainsi 435 pour le nombre donné.

25. **Règle.** *Pour représenter un nombre moindre que mille, on écrit successivement, de gauche à droite, le chiffre des centaines, celui des dizaines et celui des unités.*

Si quelque ordre d'unités manquait, on le remplacerait par un zéro.

Ainsi, on écrirait le nombre quatre cent cinq : 405.

2e **Cas.** *Le nombre est mille ou supérieur à mille.* En vertu de la *convention fondamentale* (n° 22), la classe des mille doit être à gauche de celle des unités simples ; celle des millions, à gauche de celle des mille, et ainsi de suite. Supposé que l'on ait à représenter le nombre *trois millions, quatre cent cinq mille, trente-sept unités* ; on écrira d'abord le nombre des *millions* ; puis, *à droite*, la classe des *mille*, comme si elle représentait des unités simples ; puis, à la *droite des mille*, la classe des *unités*. On aura 3405037 pour l'écriture du nombre donné. Comme il n'y a pas de dizaines de mille ni de centaines d'unités simples, on a représenté le 3e et le 5e ordre d'unités par des zéros, afin de donner aux autres chiffres la *valeur relative* qu'ils doivent avoir.

26. Règle. *Pour représenter un nombre quelconque, on écrit successivement, et en allant de gauche à droite, ses diverses classes d'unités, en commençant par la classe la plus élevée.*

MANIÈRE DE LIRE UN NOMBRE

27. Il y a deux cas a considérer.

1er Cas. Le nombre a trois chiffres.

Règle. *Pour lire un nombre de trois chiffres, on énonce séparément les centaines, les dizaines et les unités.* Si un ordre manque, on ne le mentionne pas.

Ainsi 739 se lira : *sept cent trente-neuf.*

2e Cas. Le nombre a plus de trois chiffres.

Règle. *Pour lire un nombre représenté par plus de trois chiffres, on le partage en tranches de trois chiffres, en allant de droite à gauche ; on énonce ensuite, en commençant par la gauche, la tranche qui représente la classe la plus élevée, comme si elle était seule, puis on énonce successivement les autres tranches.* Si un ordre d'unités ou même une classe intermédiaire tout entière manquait, on ne la mentionnerait pas.

Ainsi 203 963 430 se lira : *deux cent trois millions, neuf cent soixante-trois mille, quatre cent vingt.*

3° NUMÉRATION DES FRACTIONS

28. On nomme *fraction*, en arithmétique, l'expression d'une ou de plusieurs parties égales de l'unité ; ainsi un quart, trois septièmes, sont des fractions.

On distingue deux sortes de fractions : *les fractions ordinaires* et les *fractions décimales*.

FRACTIONS ORDINAIRES

29. Les *fractions ordinaires* sont des parties de l'unité divisée en un nombre quelconque de parties égales.

On représente une fraction ordinaire au moyen de deux nombres : le *dénominateur* et le *numérateur*.

Le *dénominateur* est le nombre qui indique en combien de parties égales l'unité a été divisée.

Le *numérateur* est le nombre qui indique combien on a pris de parties égales de l'unité.

Le *numérateur* et le *dénominateur* d'une fraction sont appelés *termes* de cette fraction.

MANIÈRE D'ÉCRIRE LES FRACTIONS ORDINAIRES

30. On écrit d'abord le *numérateur*, que l'on souligne d'un trait sous lequel on écrit le *dénominateur*. Si l'on veut, par exemple, indiquer que l'unité a été divisée en sept parties, et que l'on a cinq de ces parties, on écrira : $\frac{5}{7}$.

MANIÈRE DE LIRE UNE FRACTION

31. Pour lire une fraction, on énonce d'abord le *numérateur*, puis le *dénominateur*, que l'on termine par la désinence *ième*.

Ainsi $\frac{5}{7}$ se lit *cinq septièmes*. On dit parfois aussi : cinq sur sept.

Lorsque les fractions ont pour dénominateur l'un des nombres 2, 3, 4, on donne aux parties qu'elles renferment les noms de *demies*, *tiers*, *quarts*; ainsi $\frac{1}{2}$, $\frac{2}{3}$, $\frac{3}{4}$ s'expriment : *une demie, deux tiers, trois quarts*.

32. Le numérateur peut être *égal* au dénominateur, ou *plus petit*, ou *plus grand*.

1° Quand le numérateur est *égal* au dénominateur, la fraction est *égale à l'unité*.

2° Quand le numérateur est *plus petit* que le dénominateur, la fraction est *plus petite que l'unité*.

3° Quand le numérateur est *plus grand* que le dénominateur, la fraction est *plus grande que l'unité*.

FRACTIONS DÉCIMALES

33. On appelle *fractions décimales* l'expression d'une ou de plusieurs parties de l'unité divisée en 10, 100, 1 000, etc. parties égales.

Ainsi le dénominateur de ces fractions serait égal à l'unité suivie d'un certain nombre de zéros. C'est pour cela que l'on donne à ces parties de l'unité le nom de *dixièmes, centièmes, millièmes*, etc., bien que l'on n'écrive pas ce dénominateur.

Les centièmes, les millièmes, etc., sont les 2e, 3e, etc., ordres décimaux.

Il faut donc *dix* millièmes pour faire *un* centième, *dix* centièmes pour faire *un* dixième, et *dix* dixièmes pour avoir l'unité.

D'où il suit que l'*unité* vaut *dix* dixièmes, qu'*un* dixième vaut *dix* centièmes, qu'*un* centième vaut *dix* millièmes, et ainsi de suite.

Les principes de la numération des nombres entiers peuvent être appliqués aux fractions décimales.

MANIÈRE D'ÉCRIRE UNE FRACTION DÉCIMALE

34. Puisque les dixièmes sont dix fois plus petits que les unités, le chiffre qui les représente se met à droite du chiffre des unités (n° 22), dont on le sépare par une virgule ; le chiffre qui représente les centièmes se met à droite des dixièmes, etc.

La fraction décimale *trois cent quarante-neuf millièmes,* qui renferme neuf millièmes, plus quarante millièmes ou quatre centièmes, plus trois cents millièmes ou trois dixièmes s'écrira : 0,349.

De même, l'expression fractionnaire : *quatorze unités, neuf cent quarante-sept dix-millièmes,* s'écrira : 14,0947.

Règle. *Pour écrire un nombre qui renferme une fraction décimale, on écrit d'abord la partie entière, s'il y en a une ; on la fait suivre d'une virgule ; à la suite, on écrit la partie décimale, en ayant soin de mettre chaque chiffre à la place que lui assigne l'ordre qu'il représente. Si quelque ordre décimal manque, on le remplace par un zéro.*

MANIÈRE DE LIRE LES DÉCIMALES

35. **Règle.** *On est convenu de lire d'abord la partie entière, s'il y en a une, puis la partie décimale, à laquelle on donne le nom de l'ordre décimal représenté par le dernier chiffre à droite.*

Soit à lire les nombres 4,5607 et 0,34578.

Dans le premier cas, on dit : *Quatre unités, cinq mille six cent sept dix-millièmes.*

Dans le second cas, on dit : *Trente-quatre mille cinq cent soixante-dix-huit cent-millièmes.*

On pourrait encore lire séparément chaque ordre décimal ; ainsi 8,625 se lirait : *huit unités, six dixièmes, deux centièmes, cinq millièmes.*

36. La valeur relative d'un chiffre dépend du rang qu'il occupe dans un nombre (n° 23); il s'ensuit que :

1° *La valeur d'une fraction décimale reste la même quand on écrit à sa droite un ou plusieurs zéros;* ainsi 0,34 = 0,3400; car 34 centièmes valent 3400 dix-millièmes;

2° *Une fraction décimale est rendue* 10, 100, 1000, etc. *fois plus grande quand on déplace la virgule d'un, de deux, de trois... rangs vers la droite; elle serait, au contraire, rendue* 10, 100, 1000... *fois plus petite si on déplaçait la virgule d'un, de deux, de trois... rangs vers la gauche.*

Ainsi la fraction 0,00037 est 100 fois plus petite que 0,037; car au lieu d'avoir trente-sept millièmes, on a seulement trente-sept cent-millièmes, et les cent-millièmes sont cent fois plus petits que les millièmes.

De même la fraction 0,00037 est cent fois plus grande que la fraction 0,0000037.

Remarque I. Ce que nous disons des fractions décimales proprement dites est évidemment applicable aux expressions fractionnaires décimales; ainsi 14,347 vaut dix fois 1,4347, et il est dix fois moindre que 143,47.

Remarque II. Si la fraction décimale ou l'expression fractionnaire que l'on veut rendre un certain nombre de fois plus grande ou plus petite n'avait pas assez de chiffres, on écrirait à sa droite ou à sa gauche les zéros nécessaires pour faire occuper à chaque chiffre le rang qu'il doit avoir.

Si l'on veut rendre 1000 fois plus grand le nombre 34,27, on écrira 34270; si on veut le rendre 1000 fois plus petit, on écrira 0,03427.

37. *Pour rendre un nombre entier* 10, 100, 1000 *fois plus grand, on écrit un, deux, trois zéros à sa droite. Pour le rendre* 10, 100... *fois plus petit, on sépare, par une virgule, sur la droite, un, deux... chiffres.*

Ainsi 3700 est 100 fois plus grand que 37.

En effet, le premier de ces nombres contient trente-sept centaines, et le second trente-sept unités; or les centaines sont cent fois plus grandes que les unités; donc, etc.

De même, 475 devient 100 fois plus faible quand on écrit 4,75; car au lieu de renfermer 475 unités, il ne renferme plus que 475 centièmes.

EXERCICES SUR LE CHAPITRE PREMIER

1º L'*unité* est-elle un nombre ?

2º Désigner quelques *grandeurs proprement dites*.

3º Désigner quelques *quantités*.

4º Pourquoi fait-on les opérations et les démonstrations uniquement avec des nombres *abstraits*?

5º Quelle est la signification du mot *calcul*?

6º Quelle est la signification du mot *arithmétique* ?

7º Quelle a été la préoccupation principale de ceux qui ont formé les *noms de nombres*?

8º Quelle a été la préoccupation principale de ceux qui ont déterminé les moyens de représenter tous les nombres ?

9º La numération enseigne-t-elle à *former* les nombres ?

10º Écrire et lire le nombre composé des neuf premiers chiffres placés par ordre de grandeur, en allant de gauche à droite.

11º Écrire et lire le nombre composé des neuf premiers chiffres placés par ordre de grandeur, dans l'orde inverse de celui qu'indique le nº 10.

12º Indiquer la valeur relative de chaque chiffre dans chacun des nombres des deux nºs précédents.

13º Écrire dix nombres différents, en faisant usage seulement du plus petit des neuf chiffres significatifs.

14º Quel changement éprouve un nombre quand on néglige de remplacer par des zéros les ordres d'unités qui manquent ?

15º Quel changement éprouve un nombre quand on introduit des zéros entre ses chiffres ?

16º Quel changement éprouve un nombre quand on écrit des zéros à gauche de ses plus *hautes* unités ?

17º Combien compte-t-on de nombres entiers de *sept chiffres* ?

18º Pourquoi les neuf premiers nombres sont-ils représentés par les *neuf chiffres significatifs*?

19º Combien faut-il de caractères à un imprimeur pour numéroter *toutes les pages* d'un livre qui en a 2748 ?

20º On écrit à la suite les *quarante mille* premiers nombres; quel est, dans cette suite, le 32456ᵐᵉ chiffre ?

21º Combien de fois figure chacun des dix chiffres dans la suite des nombres entiers jusqu'à *un million* inclusivement?

22º Un nombre a 23 chiffres, quelle est la classe des plus hautes unités ?

CHAPITRE II

Les quatre opérations.

—

DÉFINITIONS

38. On appelle *opérations*, en arithmétique, les modifications que l'on fait subir aux nombres.

39. On distingue *quatre opérations fondamentales* : l'*addition*, la *soustraction*, la *multiplication* et la *division*.

40. Preuves. On appelle *preuve*, en arithmétique, une opération qui sert à contrôler l'exactitude d'une autre opération. Les preuves ne donnent pas une *certitude absolue de l'exactitude* de l'opération : elles ne donnent qu'une *probabilité*.

§ I. — ADDITION

41. L'*addition* est une opération par laquelle on réunit plusieurs nombres en un seul qu'on appelle *somme* ou *total*.

Quand les nombres sont *concrets*, ils doivent être de *même dénomination*.

L'addition s'indique par le signe $+$ (plus) placé entre les nombres à additionner.

42. On distingue deux cas dans l'addition.

1er Cas. *Additionner deux nombres d'un seul chiffre.* Il suffit d'ajouter au premier nombre successivement toutes les unités du second.

Ainsi $7 + 5 = 7 + 1 + 1 + 1 + 1 + 1 = 12$.

43. On opère plus rapidement à l'aide de la table suivante qui donne les sommes de tous les nombres d'un seul chiffre, pris deux à deux.

0	1	2	3	4	5	6	7	8	9
1	2	3	4	5	6	7	8	9	10
2	3	4	5	6	7	8	9	10	11
3	4	5	6	7	8	9	10	11	12
4	5	6	7	8	9	10	11	12	13
5	6	7	8	9	10	11	12	13	14
6	7	8	9	10	11	12	13	14	15
7	8	9	10	11	12	13	14	15	16
8	9	10	11	12	13	14	15	16	17
9	10	11	12	13	14	15	16	17	18

Pour construire cette table, on écrit sur une ligne horizontale la suite des neuf premiers nombres, précédée du 0 ; pour former la deuxième ligne, on ajoute *un* successivement à tous les nombres de cette ligne horizontale : puis on ajoute *un* à chacun des nombres de la nouvelle ligne horizontale, et ainsi de suite, jusqu'à ce que le chiffre de la première colonne verticale à gauche soit 9.

Soit à trouver, au moyen de cette table, la somme des nombres 7 et 5.

La somme 12 des deux nombres 7 et 5, du numéro précédent, se trouve à la rencontre de la colonne verticale dont le 1er chiffre est 7, et de la ligne horizontale dont le 1er chiffre est 5.

On la trouverait aussi à la rencontre de la colonne verticale qui a pour 1er chiffre 5, et de la ligne horizontale qui a pour 1er chiffre 7.

44. 2ᵉ Cas. *Ajouter entre eux des nombres quelconques.*

Soit à ajouter les nombres $847 + 292 + 759$.

Il suffit d'ajouter au premier nombre toutes les parties dont se composent les autres (VIII, 2°).

$$\begin{array}{r} 847 \\ 292 \\ 759 \\ \hline 1898 \end{array}$$

Après avoir écrit les nombres de manière que les unités de même ordre soient dans une même colonne, on additionne successivement les unités, les dizaines et les centaines : 7 unités et 2 font 9 et 9 font 18; ces 18 unités contiennent une dizaine que l'on retient, et 8 unités que l'on écrit; puis on ajoute aux dizaines des nombres la dizaine que l'on a retenue, et l'on trouve 19 dizaines, contenant 1 centaine que l'on retient, et 9 dizaines que l'on écrit sous la dizaine. Ajoutant aux centaines des nombres la centaine retenue, on trouve 18 centaines, que l'on écrit.

45. Règle. — *Pour faire la somme de plusieurs nombres quelconques, on les écrit en colonne verticale, de telle sorte que les unités de même ordre se correspondent, puis on souligne le dernier nombre. On fait ensuite la somme de toutes les unités de la première colonne à droite; si cette somme est moindre que 10, on l'écrit au-dessous de la colonne des unités; si elle est supérieure à 10, on écrit seulement les unités simples, et l'on retient les dizaines pour les ajouter à la colonne des dizaines; on continue de la même manière pour toutes les autres colonnes jusqu'à la dernière, dont on écrit le résultat tel qu'on l'a trouvé.*

46. L'addition des nombres décimaux se fait exactement comme celle des nombres entiers.

La somme a autant de chiffres décimaux que celui des nombres à additionner qui en a le plus.

Ex. Soit à additionner : $4,037 + 1709,34 + 40004,003079$.

L'opération se disposera ainsi :

$$\begin{array}{r} 4,037 \\ 1709,34 \\ 40004,003079 \\ \hline 41717,380079 \end{array}$$

Preuve. On peut faire la preuve de l'addition de deux manières :

47. 1ʳᵉ Méthode. Si l'on a fait la somme des différents ordres en additionnant de haut en bas, on fait une seconde fois l'opération en additionnant de bas en haut, et l'on doit obtenir le même résultat.

48. 2° **Méthode.** Si l'on a une grande quantité de nombres à ajouter, on peut les additionner par groupes de cinq ou six, par exemple ; on fait ensuite le total de ces sommes partielles. Cette dernière somme doit être égale à celle que l'on a trouvée d'abord.

§ II. — SOUSTRACTION

49. La *soustraction* est une opération par laquelle on cherche la différence de deux nombres.

On définit encore la *soustraction* : Une opération dans laquelle étant donnée la somme de deux nombres et l'un de ces nombres, on cherche l'autre.

Quand les nombres sont *concrets*, ils doivent renfermer des unités de *même dénomination*..

La soustraction s'indique par le signe — (*moins*), placé entre les deux nombres.

Un nombre précédé du signe moins est dit *négatif*.

Le plus grand des deux nombres est appelé *premier terme* de la soustraction : l'autre nombre donné est appelé *second terme*.

Le résultat de la soustraction s'appelle *reste, excès* ou *différence*.

50. La définition nous permet d'énoncer les propositions suivantes :

1° Le *premier terme* égale le *second* plus la *différence*.

2° Si l'on *ajoute* ou si l'on retranche une quantité au *premier terme*, la différence *augmente* ou diminue de cette quantité.

3° Si l'on *ajoute* ou si l'on retranche une quantité au *second terme*, la différence *diminue* ou augmente de cette quantité.

4° Si l'on ajoute ou si l'on retranche une même quantité aux *deux termes*, la différence ne *change pas*.

On distingue trois cas dans la soustraction :

51. 1ᵉʳ **Cas.** *Les deux termes donnés sont dans la table d'addition* (n° 43).

La table donne le résultat.

52. 2° **Cas.** *Les deux termes ont plusieurs chiffres, et chaque chiffre du second terme peut se retrancher du chiffre qui lui correspond dans le premier terme.*

Soit à retrancher 325 de 749. Pour faire cette opération, il est évident (VIII, 2°) qu'il suffit de retrancher de 749 successivement les unités, les dizaines et les centaines de 325.

$$\begin{array}{r} 749 \\ 325 \\ \hline 424 \end{array}$$

L'opération se dispose ordinairement comme ci-contre :

53. 3ᵉ Cas. *Les deux nombres sont quelconques :*
Soit à retrancher 3849 de 40456. On écrit le plus petit nombre sous le plus grand comme dans le 2ᵉ cas.

$$\begin{array}{r} 40456 \\ 3849 \\ \hline 36607 \end{array}$$

Comme il n'est pas possible de retrancher 9 unités de 6 unités, on est immédiatement arrêté. Pour lever la difficulté, on peut employer DEUX MÉTHODES : 1° *la méthode par emprunt;* 2° *la méthode par compensation.*

54. 1° Méthode par emprunt. On prend une des 5 dizaines du nombre supérieur; 1 dizaine ou dix unités, ajoutées aux 6 unités du nombre, donnent 16 unités; de ces 16 unités, on retranche les 9 unités du petit nombre, et il reste 7; se rappelant que l'on a emprunté une dizaine au nombre supérieur, on continue en disant : 4 ôté de 4, il reste 0; puis 8 ôté de 4, cela ne se peut; mais comme il n'y a pas de mille dans le nombre supérieur, on emprunte 1 dizaine de mille, qui vaut dix mille; on laisse 9 de ces mille sur le zéro qui est au rang des mille, et l'on convertit le dixième mille en centaines; en ajoutant 10 centaines à 4, on a 14 centaines, et l'on dit : 8 de 14, il reste 6 : puis 3 mille ôté des 9 laissés sur le zéro, il reste 6, et enfin 3.

55. 2° Méthode par compensation. Soit encore à retrancher 3849 de 6456.

$$\begin{array}{r} 6456 \\ 3849 \\ \hline 2607 \end{array}$$

On dispose les nombres comme il a été dit plus haut; puis, quand un chiffre du nombre supérieur est trop faible, on l'augmente de 10 unités de l'ordre sur lequel on opère, et qui valent une unité de l'ordre immédiatement supérieur, et l'on raisonne ainsi : 9 ôté de 16, reste 7; comme on a ajouté dix au nombre supérieur, il faut ajouter dix ou une dizaine au nombre inférieur (50, 4°); 1 et 4 font 5; 5 ôté de 5, reste 0; 8 ôté de 14, reste 6; on vient d'ajouter 10 centaines ou 1 mille au nombre supérieur; il faut maintenant ajouter 1 mille au nombre inférieur : 1 et 3 font 4; 4 ôté de 6, reste 2. L'ensemble des soustractions partielles fournit le résultat.

Règle. *Lorsqu'un chiffre du premier terme est plus faible que son correspondant du second terme, on l'augmente de 10; et, pour compenser, on augmente d'une unité le chiffre de l'ordre immédiatement supérieur dans le second terme.*

56. Soustraction des nombres décimaux. Cette opération se fait comme la soustraction des nombres entiers; on sépare, à droite du résultat, autant de chiffres décimaux qu'il y en a dans celui des deux nombres qui en a le plus.

Ex. : Soit à retrancher 3,405 de 17,03.

$$\begin{array}{r} 17,030 \\ 3,405 \\ \hline 13,625 \end{array}$$

On dispose les nombres comme il a été dit plus haut (n° 52); le résultat est 13,625.

57. Preuve. La preuve de la soustraction peut se faire de deux manières, savoir :

1° *Par l'addition.* En ajoutant le *reste* au *petit nombre,* on doit trouver le *grand nombre.*

2° *Par la soustraction.* En retranchant le *reste* du *grand nombre,* on doit trouver le *petit* nombre.

58. *Preuve de l'addition par la soustraction.* Cette preuve peut se faire de deux manières :

1° On fait la somme de tous les nombres, à l'exception de l'un d'eux, le premier, par exemple; on retranche du résultat primitif le résultat ainsi obtenu, et le reste de cette soustraction doit être égal au nombre que l'on n'a pas compris dans le second total.

2° On commence l'addition par la gauche, et l'on soustrait du total successivement chacune des sommes partielles ainsi obtenues; le résultat final doit être nul.

$$\begin{array}{r} 476 \\ 357 \\ 984 \\ \hline 1907 \\ 307 \\ 107 \\ 90 \end{array}$$

Le reste 90 indique une erreur de 90 *par excès.*

§ III. — MULTIPLICATION

59. La *multiplication* est une opération par laquelle on cherche un nombre appelé *produit,* qui soit, à l'égard d'un autre nombre appelé *multiplicande,* ce qu'un troisième nombre appelé *multiplicateur* est à l'égard de l'unité.

Le *multiplicande* et le *multiplicateur* sont appelés *facteurs* du produit.

On indique la multiplication par le signe : $\times$ (*multiplié par*).

60. DE LA DÉFINITION DE LA MULTIPLICATION, ON PEUT TIRER LES TROIS CONSÉQUENCES SUIVANTES :

1° *Lorsque le multiplicateur est un nombre entier*, ON RÉPÈTE *le multiplicande autant de fois qu'il y a d'unités dans le multiplicateur.* Le produit est alors un *multiple* du multiplicande.

2° *Lorsque le multiplicateur égale l'unité, le produit égale le multiplicande.*

3° *Lorsque le multiplicateur est* $\frac{1}{3}$, *les* $\frac{3}{4}$ *de l'unité, le produit est* $\frac{1}{3}$, *les* $\frac{3}{4}$... *du multiplicande.*

61. **Remarque.** La multiplication est une *addition abrégée;* car on pourrait obtenir le produit de deux nombres en faisant une somme d'autant de nombres égaux au multiplicande qu'il y a d'unités dans le multiplicateur.

62. Pour effectuer la multiplication, il faut connaître, de mémoire, les produits de deux quelconques des neuf premiers nombres. Ces produits sont fournis par la table suivante, dite *table de multiplication* ou *table de Pythagore.*

1	2	3	4	5	6	7	8	9
2	4	6	8	10	12	14	16	18
3	6	9	12	15	18	21	24	27
4	8	12	16	20	24	28	32	36
5	10	15	20	25	30	35	40	45
6	12	18	24	30	36	42	48	54
7	14	21	28	35	42	49	56	63
8	16	24	32	40	48	56	64	72
9	18	27	36	45	54	63	72	81

63. Pour construire cette table, on écrit sur une ligne horizontale les neuf premiers nombres. En ajoutant chaque nombre à lui-même, on forme la seconde ligne horizontale, qui contient *deux* fois les neuf premiers nombres, ou le *produit de ces nombres par 2*. En ajoutant chacun des nombres de la première ligne aux nombres correspondants de la deuxième, on forme la troisième, qui contient le produit par *trois* des neuf premiers nombres ; en continuant ainsi, on obtient successivement les 4e, 5e..., 9e lignes, qui contiennent les produits des neuf premiers nombres par 4, 5..., 9.

Pour trouver, dans cette table, le produit de deux nombres d'un seul chiffre, 6 et 8, par exemple, on cherche 6 dans la première ligne horizontale, et l'on descend ensuite verticalement jusqu'à la 8e de ces lignes horizontales. Le nombre 48, auquel on arrive ainsi, est le produit cherché.

64. On aurait obtenu le même résultat si l'on avait pris 8 dans la première ligne horizontale pour descendre ensuite jusqu'à la 6e ligne ; ce qui montre que *l'on peut prendre l'un quelconque des facteurs d'un produit pour multiplicande ou pour multiplicateur, sans craindre de modifier le produit.*

LA THÉORIE DE LA MULTIPLICATION REPOSE SUR LES PRINCIPES SUIVANTS :

65. On appelle *produit de plusieurs facteurs* le produit obtenu en multipliant le premier facteur par le deuxième, puis le résultat par *un troisième* facteur, et ainsi de suite.

On indique qu'un produit est considéré comme effectué, en mettant ses facteurs entre parenthèses ; ainsi $(a \times b) c \times d \times e$ veut dire que le produit de a par b est considéré comme effectué. La parenthèse tient lieu du signe $\times$ entre $(a \times b)$ et le facteur c.

On a évidemment : $(a \times b) c \times d \times e = a \times b \times c \times d \times e$; car, pour effectuer le produit, il faut dans l'un et l'autre cas commencer par faire le produit de a par b.

66. **Théorème.** *On peut intervertir l'ordre des facteurs d'un produit sans modifier ce produit.*

1° *Le produit n'a que deux facteurs.*

Soit le produit 4×3 ; je dis qu'on a $4 \times 3 = 3 \times 4$.

En effet, écrivant sur une même ligne horizontale les 4 unités du multiplicande et faisant trois lignes semblables, on a :

$$\left. \begin{array}{c} 1 + 1 + 1 + 1 \\ 1 + 1 + 1 + 1 \\ 1 + 1 + 1 + 1 \end{array} \right\} \; 4 \times 3$$

$$\underbrace{\qquad\qquad\qquad}_{3 \times 4}$$

Additionnant par lignes horizontales, on trouve 4×3 ;
Additionnant par lignes verticales, on trouve 3×4 ;

$$\text{Donc } 4 \times 3 = 3 \times 4 ;$$

Donc, on peut, etc.

2° *Le produit a trois facteurs, et l'on intervertit les deux derniers.*

Je dis que $4 \times 3 \times 7 = 4 \times 7 \times 3$. En effet, ce produit peut s'écrire sous forme de tableau de la manière suivante : on place le facteur 4 trois fois sur une ligne horizontale, et l'on fait sept lignes semblables.

$$\left.\begin{array}{ccc}
4 & + & 4 & + & 4 \\
4 & + & 4 & + & 4 \\
4 & + & 4 & + & 4 \\
4 & + & 4 & + & 4 \\
4 & + & 4 & + & 4 \\
4 & + & 4 & + & 4 \\
4 & + & 4 & + & 4
\end{array}\right\} \; 4 \times 3 \times 7$$

$$4 \times 7 \times 3$$

Ce tableau contient, dans chaque ligne horizontale, 4 répété 3 fois ou 4×3 ; comme il y a 7 lignes horizontales semblables, on a $4 \times 3 \times 7$.

Dans le sens vertical, ce tableau contient, dans chaque colonne, 4 répété 7 fois, ou 4×7 ; et comme il y a 3 colonnes semblables, on a $4 \times 7 \times 3$.

Or, que l'on compte les unités de ce tableau dans le sens horizontal ou dans le sens vertical, on en trouve toujours le même nombre, donc :

$$4 \times 3 \times 7 = 4 \times 7 \times 3 \qquad \text{C. Q. F. D.}$$

Remarque. *S'il y avait plus de trois facteurs, on pourrait encore intervertir l'ordre des deux derniers.*

Je dis que $a \times b \times c \times d \times e = a \times b \times c \times e \times d$.

En effet, considérant le produit $a \times b \times c$ comme effectué, on n'a plus à envisager qu'un produit de trois facteurs, et il vient :

$$(a \times b \times c)\, d \times e = (a \times b \times c)\, e \times d, \text{ ou } a \times b \times c \times e \times d.$$

3° *On peut intervertir deux facteurs consécutifs quelconques.*

Soit $a \times b \times c \times d \times e$, je dis que ce produit égale $b \times a \times c \times d \times e$.

En effet, $a \times b = b \times a$.

Si l'on multiplie chaque membre de l'égalité par $c \times d \times e$, on a :

$$(a \times b)\, c \times d \times e = (b \times a)\, c \times d \times e \qquad \text{C. Q. F. D.}$$

4° *On peut intervertir les facteurs d'un produit d'une manière quelconque.*

Soit $a \times b \times c \times d \times e$; je dis que ce produit égale, par exemple, $a \times e \times c \times b \times d$.

En effet, on intervertit d'abord les facteurs consécutifs e et d puis b et c, il vient :

$$a \times b \times c \times d \times e = a \times c \times b \times e \times d,$$

Puis les facteurs consécutifs b et e, et l'on a :

$$a \times c \times b \times e \times d = a \times c \times e \times b \times d,$$

Puis les facteurs e et c, et il vient :

$$a \times c \times e \times b \times d = a \times e \times c \times b \times d;$$
$$\text{d'où,}\quad a \times b \times c \times d \times e = a \times e \times c \times b \times d.$$
$$\text{C. Q. F. D.}$$

67. Conséquence I. *Pour multiplier un nombre par le produit de plusieurs facteurs, on peut le multiplier successivement par chacun de ces facteurs.*

En effet, si l'on doit multiplier P par $m = a \times b$, on a
$$P \times m = P\,(a \times b) = (a \times b)\,P = a \times b \times P = P \times a \times b.$$

68. Conséquence II. *Pour multiplier entre eux plusieurs produits, on peut former un produit unique de tous leurs facteurs.*

Soient les produits $P = a \times b \times c$ et $m = d \times e$, je dis que $P \times m$ ou $(a \times b \times c)\,(d \times e) = a \times b \times c \times d \times e$.

En effet, on a (n° 67)

$$(a \times b \times c)\,(d \times e) = (a \times b \times c) \times d \times e; \qquad (1)$$

mais (n° 65 et 66, 4°) $(a \times b \times c)\, d \times e = d \times e\,(a \times b \times c)$ $= d \times e \times a \times b \times c$, et enfin (n° 66, 4°)

$$d \times e \times a \times b \times c = a \times b \times c \times d \times e. \qquad (2)$$

En rapprochant les égalités (1) et (2), on a
$$P \times m = a \times b \times c \times d \times e. \qquad \text{C. Q. F. D.}$$

69. Remarque. *Dans un produit, on peut remplacer un nombre quelconque de facteurs par leur produit.*

Cette proposition ne diffère que dans les termes des n°s 67 et 68.

70. Conséquence III. *Quand on multiplie l'un des facteurs d'un produit par un nombre, on multiplie le produit par ce nombre.*

Soit le produit $a \times b$; je dis que si l'on multiplie le facteur b par c, le produit sera multiplié par c.

En effet, $a \times (b \times c) = a \times b \times c$;   (n° 67)

Mais, $a \times b \times c = (a \times b) c$.   (n° 65)

Donc, etc.

71. Conséquence IV. *Quand on multiplie les deux facteurs d'un produit par des nombres, on multiplie ce produit par le produit de ces nombres.*

Soit le produit $a \times b$ dont on multiplie le premier facteur par c et le second par d.

Il vient : $(a \times c)(b \times d) = a \times c \times b \times d$;   (n° 68)

Mais $a \times c \times b \times d = a \times b \times c \times d$,   (n° 66, 4°)

Et enfin $a \times b \times c \times d = (a \times b)(c \times d)$.   (n° 65)

Donc, etc.

72. Théorème. *Le produit de la somme de plusieurs nombres par un seul est égal à la somme des produits de chacun des premiers nombres par le dernier.*

Soit à multiplier $(4 + 5 + 7)$ par 3; je dis que $(4 + 5 + 7)\,3 = (4 \times 3) + (5 \times 3) + (7 \times 3)$.

En effet, multiplier $(4 + 5 + 7)$ par 3, c'est (n° 60, 1°) répéter $(4 + 5 + 7)$ 3 fois; on peut donc écrire cette somme deux fois au-dessous d'elle-même :

$$
\begin{array}{r}
4 + 5 + 7 \\
+\ 4 + 5 + 7 \\
+\ 4 + 5 + 7
\end{array}
$$

Additionnant par lignes horizontales, on a : $(4 + 5 + 7)\,3$;

Additionnant par lignes verticales, on a : $(4 \times 3) + (5 \times 3) + (7 \times 3)$;

donc $(4 + 5 + 7)\,3 = (4 \times 3) + (5 + 3) + (7 \times 3)$ (1).

C. Q. F. D.

73. On peut encore formuler ainsi ce théorème : *Lorsqu'on doit faire la somme de plusieurs produits qui renferment un facteur commun* $(4 \times 3) + (5 \times 3) + (7 \times 3)$, *on peut faire la somme des facteurs non communs et la multiplier par le facteur commun.* C'est ce qu'on appelle mettre en facteur commun.

Intervertissant les deux membres de l'égalité (1), on a :

$$(4 \times 3) + (5 \times 3) + (7 \times 3) = (4 + 5 + 7)\,3.$$

74. Théorème. *Le produit de la différence de deux nombres par un troisième est égal à la différence des produits de chacun des premiers par le dernier.*

Je dis que l'on a : $(8 - 7) 5 = (8 \times 5) - (7 \times 5)$.

En effet, pour avoir le produit de $(8 - 7)$ par 5, on peut écrire 4 fois $(8 - 7)$ au-dessous de lui-même :

$$
\begin{array}{c}
8 - 7 \\
8 - 7 \\
8 - 7 \\
8 - 7 \\
8 - 7
\end{array}
$$

Raisonnant comme plus haut (n° 73), on trouvera :

$$(8 - 7) = (8 \times 5) - (7 \times 5). \qquad \text{C. Q. F. D.}$$

75. Théorème. *Le produit de la somme de plusieurs nombres par la somme de plusieurs autres est égal à la somme des produits de chacun des premiers par chacun des derniers.*

Soit à multiplier $4 + 5 + 7$ par $3 + 8 + 9$; je dis que $(4 + 5 + 7) (3 + 8 + 9) = (4 \times 3) + (5 \times 3) + (7 \times 3) + (4 \times 8) + (5 \times 8) + (7 \times 8) + (4 \times 9) + (5 \times 9) + (7 \times 9)$.

En effet, multiplier $4 + 5 + 7$ par $3 + 8 + 9$ c'est (n° 60, 1°) répéter $4 + 5 + 7$ d'abord 3 fois, puis 8 fois, puis 9 fois, et faire la somme de ces produits.

Or
$$
\begin{aligned}
(4 + 5 + 7) 3 &= (4 \times 3) + (5 \times 3) + (7 \times 3) \quad (\text{n° 72}) \\
(4 + 5 + 7) 8 &= (4 \times 8) + (5 \times 8) + (7 \times 8) \quad id. \\
(4 + 5 + 7) 9 &= (4 \times 9) + (5 + 9) + (7 \times 9) \quad id.
\end{aligned}
$$

Donc $(4 + 5 + 7) (3 + 8 + 9) = (4 \times 3) + (5 \times 3) + (7 \times 3) + (4 \times 8) + (5 \times 8) + (7 \times 8) + (4 \times 9) + (5 \times 9) + (7 \times 9)$. $\qquad$ C. Q. F. D.

MULTIPLICATION DES NOMBRES ENTIERS

ON DISTINGUE TROIS CAS DANS LA MULTIPLICATION DES NOMBRES ENTIERS.

76. 1ᵉʳ Cas. *Le multiplicande est quelconque et le multiplicateur n'a qu'un seul chiffre.*

Soit 847 à multiplier par 5 : le produit sera (n° 60, 1°) 5 fois le multiplicande ; mais $847 = 800 + 40 + 7$; donc (n° 72) $(800 + 40 + 7) 5 = (800 \times 5) + (40 + 5) + (7 \times 5)$; donc le produit de 847 par 5 égale la somme des produits des unités, des dizaines et des centaines du multiplicande par 5 ; donc $847 \times 5 = 4\,000 + 200 + 35 = 4235$.

$$\begin{array}{r} 847 \\ 5 \\ \hline 4235 \end{array}$$

Dans la pratique, on écrit d'abord le multiplicateur sous les unités du multiplicande ; puis on multiplie les unités du multiplicande par le multiplicateur : $7 \times 5 = 35$; dans 35 unités il y a 3 dizaines, que l'on retient, et 5 unités, que l'on écrit sous le multiplicateur ; on multiplie les dizaines du multiplicande par le multiplicateur : $4 \times 5 = 20$; 20 dizaines et 3, qui proviennent du produit 7×5, donnent 23 dizaines ; dans 23 dizaines, il y a 2 centaines, que l'on retient, et 3 dizaines que l'on écrit à gauche des unités ; on multiplie les centaines du multiplicande par le multiplicateur, et l'on a $8 \times 5 = 40$; 40 centaines et 2, qui proviennent du produit (4×5), donnent 42 centaines, que l'on écrit à gauche des dizaines.

Règle. *On multiplie successivement, en allant de droite à gauche, chaque chiffre du multiplicande par le multiplicateur ; si l'un de ces produits partiels est moindre que 10, on l'écrit. S'il est 10 ou plus grand que 10, on écrit les unités de ce produit, et l'on retient les dizaines, pour les ajouter au produit suivant ; on écrit entièrement le dernier produit augmenté de la retenue, s'il y a lieu.*

77. 2ᵉ **Cas.** *Les facteurs sont quelconques.*

Soit à multiplier 827 par 584.

Les nombres 827 et 584 équivalent respectivement à :

$$800 + 20 + 7,$$
$$\text{et } 500 + 80 + 4 ;$$

donc $827 \times 584 = (800 + 20 + 7)(500 + 80 + 4)$;

mais (nº 75) $(800 + 20 + 7)(500 + 80 + 4) = (800 \times 500) + (20 \times 500) + (7 \times 500) + (800 \times 80) + (20 \times 80) + (7 \times 80) + (800 \times 4) + (20 \times 4) + (7 \times 4)$;

Ce qui fait voir qu'il faut multiplier successivement chaque chiffre du multiplicande par chacun des chiffres du multiplicateur, et faire la somme des produits partiels ainsi obtenus, en tenant compte des ordres d'unités que représentent les chiffres employés.

Cette somme est le produit des deux nombres. Ainsi, le produit de 827 par 485 égale :

$$827 \times 4 \ = \ 3308$$
$$+ \ 827 \times 80 \ = \ 66160$$
$$+ \ 827 \times 500 \ = \ 413500$$
$$\overline{\hspace{3cm}}$$
$$482968$$

ou

$$\begin{array}{r} 827 \\ 485 \\ \hline 3308 \\ 6616 \\ 4135 \\ \hline 482968 \end{array}$$

Dans la pratique, on dispose l'opération comme ci-contre; on n'écrit pas les zéros à la droite des produits partiels.

Règle. *Pour multiplier deux nombres quelconques, on écrit le multiplicateur sous le multiplicande; on multiplie successivement chaque chiffre du multiplicande par chacun de ceux du multiplicateur, ayant soin d'écrire le premier chiffre de chaque produit partiel sous le chiffre par lequel on multiplie. La somme de ces produits partiels est le produit demandé.*

78. 3ᵉ **Cas.** *Le multiplicande ou le multiplicateur, ou tous les deux, sont terminés par des zéros.*

Soit 3400×50. Ces 2 nombres sont équivalents, respectivement à 34×100 et 5×10.

Mais (nº 68) $3400 \times 50 = 34 \times 100 \times 5 \times 10$,

et (nº 66, 4º) $34 \times 100 \times 5 \times 10 = 34 \times 5 \times 100 \times 10 = (34 \times 5)(100 \times 10) = (34 \times 5) \, 1000$.

Donc après avoir fait le produit de 34 par 5, il faudra le multiplier par 1000, ce qui se fait en écrivant trois zéros à sa droite (nº 37).

Règle. *Quand l'un des facteurs ou tous les deux sont terminés par des zéros, on fait la multiplication comme s'il n'y avait pas de zéros, et l'on écrit, à droite du produit ainsi obtenu, autant de zéros qu'il y en a dans les deux facteurs.*

MULTIPLICATION DES NOMBRES DÉCIMAUX

79. Soit à multiplier 4,027 par 35,28; en opérant comme si les virgules n'existaient pas, on rend le multiplicande mille fois plus grand et le multiplicateur cent fois; de sorte qu'on peut écrire $4027 \times 3528 = (4,027 \times 1000)(35,28 \times 100) = (4,027 \times 35,28)(1000 \times 100)$; donc le produit (nº 71) est multiplié par 1000×100;

donc il est 100000 fois trop fort; on le rend 100000 fois plus faible en séparant sur sa droite cinq chiffres décimaux (n° 37).

Règle. *La multiplication des nombres décimaux se fait comme celle des nombres entiers, sans que l'on ait d'abord égard aux chiffres décimaux; on sépare ensuite sur la droite du produit autant de chiffres décimaux qu'il y en a dans les deux facteurs.*

NOMBRE DES CHIFFRES D'UN PRODUIT

80. *Le nombre* MAXIMUM *des chiffres d'un produit est indiqué par la somme des chiffres des deux facteurs; le nombre* MINIMUM *par cette somme diminuée de* 1.

Soit 3927×546; ce produit aura 6 ou 7 chiffres, car 546 est compris entre 100 et 1000; par conséquent le produit de 3927 par 546 sera compris entre 392700 et 3927000; donc il aura 6 ou 7 chiffres.

Plus généralement, quand le multiplicateur n'a qu'*un* chiffre, il est compris entre 1 et 10; donc le produit doit avoir autant de chiffres que le multiplicande, ou un de plus, c'est-à-dire *au maximum*, autant que le multiplicande et le multiplicateur réunis.

Si le multiplicateur a *deux* chiffres, il est compris entre 10 et 100; le produit doit avoir *un* ou *deux* chiffres de plus que le multiplicande, ou, *au minimum*, autant moins un que le multiplicande et le multiplicateur réunis, et, *au maximum*, autant que ces deux facteurs réunis; et ainsi de suite.

§ IV. — NOTIONS SUR LES PUISSANCES

81. On nomme *puissance d'un nombre* un produit de facteurs égaux à ce nombre.

Le nombre des facteurs est le *degré* de la puissance.

On appelle *carré* d'un nombre la *deuxième puissance* de ce nombre; *cube*, la *troisième puissance*.

On indique une puissance d'un nombre en écrivant à sa droite, et un peu au-dessus, un nombre appelé *exposant*, et qui exprime le *degré* de la puissance. Ainsi 13^4 indique la 4ᵉ puissance de 13, ou un produit de 4 facteurs égaux à 13; par suite, $13^4 = 13 \times 13 \times 13 \times 13$.

1*

82. Théorème. *Pour faire le produit de plusieurs puissances d'un nombre, il suffit de donner à ce nombre un exposant égal à la somme des exposants de ces diverses puissances.*

Ex. : $2^2 \times 2^4 = (2 \times 2)(2 \times 2 \times 2 \times 2) = 2 \times 2 \times 2 \times 2 \times 2 \times 2 = 2^6 = 2^{2+4}$.

On verrait de même que $3^2 \times 3^4 \times 3^5 = 3^{2+4+5} = 3^{11}$.

Corollaire. *On élève une puissance d'un nombre à une autre puissance, en multipliant l'exposant de ce nombre par le degré de la puissance à laquelle il faut élever la puissance donnée.*

On a en effet $(7^2)^3 = 7^2 \times 7^2 \times 7^2 = 7^{2+2+2} = 7^{2 \times 3} = 7^6$.

83. Théorème. *Une puissance d'un produit est égale au produit des mêmes puissances des facteurs.*

Soit le produit $2 \times 3 \times 5$ à élever au cube.

On a successivement :

$$(2 \times 3 \times 5)^3 = (2 \times 3 \times 5)(2 \times 3 \times 5)(2 \times 3 \times 5) =$$
$$2 \times 3 \times 5 \times 2 \times 3 \times 5 \times 2 \times 3 \times 5 = 2 \times 2 \times 2 \times 3 \times$$
$$3 \times 3 \times 5 \times 5 \times 5 = (2 \times 2 \times 2)(3 \times 3 \times 3)(5 \times 5 \times 5)$$
$$= 2^3 \times 3^3 \times 5^3.$$

§ V. — DIVISION

84. La *division* est une opération par laquelle étant donnés un *produit* de deux facteurs et l'un de ces *facteurs*, on cherche l'autre.

Le produit donné s'appelle *dividende*, le facteur connu *diviseur*, et le facteur cherché *quotient*.

85. Il résulte de la définition que :

1° *Le dividende est égal au produit du diviseur par le quotient.*

2° *Si le dividende égale le diviseur, le quotient est égal à l'unité.*

3° *Si le diviseur est l'unité, le quotient est égal au dividende.*

L'un quelconque des facteurs du produit peut être employé comme diviseur.

86. 1° Lorsque le *multiplicande* fait la fonction de diviseur, le quotient indique *combien de fois* le diviseur est contenu dans le dividende (n° 60, 1°).

Ex. : Un mètre d'étoffe coûte 7 francs ; combien aurait-on de mètres de cette étoffe pour 35 francs?

Il est évident que le nombre de mètres que l'on aura est égal au nombre de fois que l'on donnera 7 francs.

Donc on peut énoncer cette nouvelle définition:

La *division* a pour but de *chercher combien de fois* un nombre appelé diviseur est contenu dans un autre nombre appelé dividende.

La division pourrait se faire par des soustractions successives. Le quotient serait alors égal au nombre de fois que l'on aurait retranché le diviseur du dividende, puis du premier reste, puis du second, et ainsi de suite.

87. 2° Lorsque le *multiplicateur* fait la *fonction de diviseur*, le quotient, qui est le multiplicande, est contenu dans le dividende *autant de fois* que l'unité dans le diviseur; le quotient est donc *une partie du dividende partagé en autant de parties égales qu'il y a d'unités dans le diviseur.*

Ex. : On a donné 56 fr. pour 8 personnes. Combien chacune aura-t-elle ?

Il est clair qu'on doit partager 56 en 8 parties égales.

Donc on peut encore énoncer cette définition :

La *division* a pour but de *partager un nombre donné* en autant de parties égales qu'il y a d'unités dans un autre nombre.

On indique la division par le signe : (*divisé par*), placé entre le dividende et le diviseur.

DIVISION DES NOMBRES ENTIERS

88. On peut distinguer trois cas dans la division des nombres entiers.

1° *Le diviseur et le quotient n'ont qu'un chiffre.*

2° *Le diviseur a plusieurs chiffres et le quotient un seul.*

3° *Le diviseur est quelconque et le quotient a plusieurs chiffres.*

NOMBRE DE CHIFFRES D'UN QUOTIENT

89. Il importe d'abord de chercher quel est le nombre des chiffres du quotient.

Supposé qu'on ait à diviser le nombre 249421 par 47. On examine par quelle puissance de 10 (n° 81) on peut multiplier 47 pour avoir un nombre approchant de 249421.

$$47 \times 1000 = 47000, \text{ nombre inférieur à } 249421$$
$$47 \times 10000 = 470000, \text{ nombre supérieur à } 249421$$

Donc le quotient sera compris entre 1 000 et 10 000 ; par suite, il aura quatre chiffres.

90. 1er **Cas.** *Le diviseur et le quotient n'ont qu'un seul chiffre.*

1er EXEMPLE. *Soit à diviser* 63 *par* 9.

Diviser 63 par 9, c'est chercher un nombre par lequel on multiplie 9 pour obtenir au produit 63 (n° 84) ; or la table de multiplication (n° 62) fait voir que $9 \times 7 = 63$. Le quotient demandé est donc 7.

91. 2e EXEMPLE. *Soit à diviser* 51 *par* 8.

Il n'y a pas de nombre entier qui, multiplié par 8, donne 51 au produit ; car on a $8 \times 6 = 48$, et $8 \times 7 = 56$; par suite, le quotient est plus petit que 7 et plus grand que 6 ; donc 6 est, par défaut, la partie entière du quotient. C'est le quotient *approché à une unité.*

92. Le nombre 48, produit du diviseur par le quotient, est le plus *grand multiple* du diviseur contenu dans le dividende.

Le reste d'une division est la différence entre le dividende et le plus *grand multiple* du diviseur contenu dans le dividende. Dans l'exemple proposé le reste est $51 - 48 = 3$.

93. 2e **Cas.** 1er EXEMPLE. *Soit à diviser* 4537 *par* 829.

Diviser 4537 par 829, c'est chercher un nombre qui, multipliant 829, reproduise le plus grand multiple (n° 60, 1°) du diviseur contenu dans le dividende ; ce plus grand multiple est égal à la somme des produits des centaines, des dizaines et des unités du dividende par le quotient ; mais les centaines du diviseur, multipliées par les unités du quotient, fournissent des centaines ; ce produit est donc contenu dans les 45 centaines du dividénde.

$$\begin{array}{r|l} 4537 & 829 \\ 4145 & \overline{} \\ \hline 392 & 5 \end{array}$$

En cherchant par quel nombre il faudra multiplier 8 pour obtenir 45, on aura le quotient, ou un nombre un peu plus fort ; car, dans 45 centaines, il peut y avoir des centaines qui proviennent des deux autres parties du produit du diviseur par le quotient.

On essaye d'abord le nombre 5 ; multipliant 8 par 5, on trouve 40, le plus grand multiple de 8 contenu dans 45.

On écrit le quotient 5 sous le diviseur, que l'on multiplie par 5.

On écrit le produit obtenu , 4145 , sous le dividende, dont on le retranche. Le reste, 392, plus faible que le diviseur 829, indique que le nombre 5 est bien, à *une unité près*, le quotient cherché.

94. 2ᵉ EXEMPLE. *Soit à diviser 2407 par 683.*

$$\begin{array}{c|c} 2407 & 683 \\ 2732 & \overline{4} \end{array}$$

En opérant comme précédemment, on trouve 4 pour quotient, mais $683 \times 4 = 2732$, nombre plus fort que 2407; donc le quotient 4 est trop fort; on le diminue d'une unité, et l'on essaye de nouveau;

$$\begin{array}{c|c} 2407 & 683 \\ 2049 & \overline{2} \\ \hline 358 & \end{array}$$

$683 \times 3 = 2049$, nombre inférieur à 2407, et qui, retranché de ce nombre, donne pour reste 358, nombre inférieur à 683.

Donc 3 est le quotient demandé.

95. Remarque I. Dans la pratique, on n'écrit pas sous le dividende le produit du diviseur par le quotient; on fait la soustraction au fur et à mesure que se fait la multiplication.

96. Remarque II. Il peut arriver que l'on trouve au quotient un chiffre trop faible; on est averti de l'erreur que l'on a commise par l'examen du reste de la division, qui doit toujours êtré moindre que le diviseur; car si le reste était égal ou supérieur au diviseur, le dividende contiendrait encore au moins une fois le diviseur.

97. Règle. *Pour diviser un nombre de plusieurs chiffres par un autre nombre de plusieurs chiffres, lorsque le quotient ne doit avoir qu'un chiffre, il faut : 1º trouver le nombre par lequel on doit multiplier les unités les plus fortes du diviseur pour avoir les unités correspondantes du dividende; 2º multiplier le diviseur par ce nombre; 3º retrancher du dividende le produit ainsi obtenu.*

Si la soustraction est possible, le quotient essayé n'est pas trop fort; si le reste obtenu égale ou surpasse le diviseur, il est trop faible.

98. 3ᵉ Cas. *Soit à diviser 249421 par 47.*

$$\begin{array}{c|c} 249\,421 & 47 \\ 14\,421 & \overline{5306} \\ 321 & \\ 39 & \end{array}$$

Le chiffre des plus hautes unités du quotient (nº 89) représente des mille.

Le diviseur, multiplié par les mille du quotient, donnera des mille; donc le produit de 47 par le chiffre des plus hautes unités du quotient est contenu dans les 249 mille du dividende. On détermine les mille du quotient, par rapport aux mille du dividende, comme on a trouvé le chiffre du quotient au 2° cas.

On trouve ainsi que le chiffre des mille est 5; le produit de 47 par 5, étant retranché des 249 mille du dividende, donne pour reste 14.

99. Je dis maintenant que 5 est bien le chiffre des mille du quotient :

En effet,

$$47 \times 5 < 249 < 47 \times 6.$$

Si l'on multiplie tous les membres de ces inégalités par 1 000, il vient :

$$47 \times 5000 < 249000 < 47 \times 6000.$$

Or 47×6 et 249 diffèrent au moins d'une unité ;

Donc 47×6000 et 249000 diffèrent au moins d'un mille ;

Donc, si l'on ajoute 421 à 249000, le nombre obtenu sera encore plus petit que 47×6000, et l'on aura toujours :

$$47 \times 5000 < 249421 < 47 \times 6000.$$

Donc le dividende est compris entre 5000 fois et 6000 fois le diviseur ;

Le quotient est donc compris entre 5000 et 6000; et 5 est bien le chiffre des mille.

A droite du reste 14, on écrit les 421 unités du dividende. Ce reste contient encore le produit du diviseur par les centaines, les dizaines et les unités du quotient. Le plus grand de ces produits est celui du diviseur par les centaines du quotient. Il donne des centaines et se trouve par conséquent dans les centaines du reste 14421. On divise 144 par 47, comme il a été dit plus haut, et l'on trouve le nombre 3, qui exprime les centaines du quotient; $47 \times 3 = 141$; 141 retranché de 144 donne 3 pour reste. A droite de ce reste, on écrit les 21 unités du dividende. Le produit du diviseur par les dizaines du quotient est évidemment contenu dans les dizaines de ce reste 321 ; mais comme le nombre de dizaines, 32, est moindre que 47, il s'ensuit que le quotient ne renferme pas de dizaines; on écrit au quotient 0, à droite des 3 centaines. On divise enfin 321 par 47; on obtient 6 au quotient; $47 \times 6 = 282$; après avoir retranché 282 de 321, on trouve enfin pour reste 39.

100. **Remarque.** Pour obtenir le premier dividende partiel,

249, on a séparé sur la gauche du dividende un nombre égal à une fois au moins et à moins de dix fois le diviseur; pour avoir le second dividende partiel, il aurait suffi d'écrire à droite du premier reste, 14, les 4 centaines du dividende, et ainsi de suite.

C'est de cette manière que l'on opère dans la pratique.

101. Règle. *Pour faire la division, lorsque le quotient doit avoir plusieurs chiffres, on écrit le diviseur à la droite du dividende, on les sépare par un trait, puis on souligne le diviseur. On prend ensuite sur la gauche du dividende autant de chiffres qu'il en faut pour que le nombre qui en résulte (sans tenir compte de la place que ces chiffres occupent dans le dividende proposé) contienne au moins une fois et moins de dix fois le diviseur. On cherche par quel nombre il faut multiplier le diviseur pour obtenir le plus grand multiple du diviseur contenu dans ce premier dividende partiel. On multiplie le diviseur par ce nombre, et l'on retranche le produit du premier dividende partiel. A droite du premier reste, on écrit le chiffre suivant du dividende, et l'on obtient ainsi un second dividende partiel. On cherche de même par quel nombre il faut multiplier le diviseur pour reproduire ce deuxième dividende partiel. On multiplie le diviseur par ce nombre, on retranche du deuxième dividende partiel le produit ainsi obtenu, et l'on écrit à droite du reste le chiffre suivant du dividende proposé; on a un nouveau dividende partiel, et l'on continue ainsi jusqu'à ce qu'on ait épuisé tous les chiffres du dividende.*

L'ensemble des nombres ou chiffres par lesquels il faut successivement multiplier le diviseur pour reproduire les dividendes partiels, constitue le quotient.

102. Remarque. Chaque chiffre du quotient est de même ordre que le dernier chiffre à droite du dividende partiel qui le fournit; en conséquence, si l'un de ces dividendes partiels était moindre que le diviseur, le quotient n'aurait pas d'unité de cet ordre; on y suppléerait par un zéro.

DIVISION DES NOMBRES DÉCIMAUX

103. La théorie de la division des nombres décimaux repose sur la proposition suivante :

104. Théorème. *Le quotient ne change pas quand on multi-*

plie ou que l'on divise le dividende et le diviseur par un même nombre, le reste est multiplié par ce nombre.

Soient le dividende 49 et le diviseur 9, le quotient 5 et le reste 4.

On peut écrire l'égalité :

$$49 = (9 \times 5) + 4.$$

Si l'on multiplie par un même nombre, 7, par exemple, les deux membres de cette égalité, il vient : $49 \times 7 = (9 \times 5 \times 7) + (4 \times 7) = (9 \times 7) 5 + (4 \times 7)$.

Puisque 4×7 est nécessairement plus petit que 9×7, le produit 4×7 sera le reste de la division, et 5 en sera le quotient. Donc, etc.

105. 1er **Ex.** *Soit à diviser 745,0378 par 37.*

Comme le diviseur ne renferme pas de chiffres décimaux, on peut se dispenser de convertir le dividende en nombre entier.

On partage les 7450378 dix-millièmes du dividende en 37 parties égales, et l'on obtient au quotient 201361 dix-millièmes ou 20 unités 1361.

$$
\begin{array}{r|l}
7450378 & \;\; 37 \\
0050 & \overline{\;201361\;} \\
\;\,133 & \\
\;\,\,227 & \\
\;\,\,\,058 & \\
\;\,\,\,\,21 & \\
\end{array}
$$

Règle. *Pour diviser un nombre décimal par un nombre entier, on opère comme s'il n'y avait pas de décimales, et l'on sépare, sur la droite du quotient, autant de chiffres décimaux qu'il y en a dans le dividende.*

106. **Remarque.** Dans la pratique, on préfère mettre la virgule au quotient dès qu'on est amené à écrire, à droite d'un reste, le chiffre des dixièmes du dividende.

Et en effet, le dividende partiel, ainsi obtenu, est composé de dixièmes ; donc le produit du diviseur par le nouvel ordre d'unités devra renfermer des dixièmes ; donc cet ordre d'unités devra lui-même représenter les dixièmes.

107. 2º **Ex.** *Soit à diviser 45,079 par 0,00378.*

On multiplie le dividende et le diviseur par 100000, nombre nécessaire pour les rendre entiers tous les deux ; le quotient de 4507900 par 378 est le même (nº 104) que celui de 45,079 par 0,00378. Il suffit donc de diviser 4507900 par 378, comme il a été dit au nº 101.

108. **Règle.** *Pour faire la division des nombres décimaux,*

on multiplie le dividende et le diviseur par une puissance de 10 marquée par le nombre de chiffres décimaux que renferme celui de ces deux nombres qui en a le plus; on divise ensuite comme il a été dit pour les nombres entiers.

109. Remarque. Si le diviseur contenait moins de chiffres décimaux que le dividende, il suffirait de multiplier l'un et l'autre par une puissance de 10 capable de rendre entier le diviseur.

VALEUR APPROCHÉE DU QUOTIENT

110. On appelle *valeur approchée d'une quantité* une valeur qui ne diffère que peu de la valeur exacte de cette quantité.

La valeur est d'autant plus approchée qu'elle diffère moins de la valeur exacte. La valeur est à *un dixième près*, lorsque la différence entre la valeur trouvée et la valeur exacte est *moindre qu'un dixième d'unité*.

Elle est à un *centième* près quand elle diffère de la valeur exacte d'une quantité *moindre qu'un centième d'unité*.

Elle est à $\frac{1}{7}$, à $\frac{1}{12}$, à $\frac{1}{30}$... près, lorsqu'elle diffère de la valeur exacte d'une quantité moindre qu'*un septième, un douzième, un trentième d'unité*.

111. *Soit à trouver la valeur du quotient* 45,017 *par* 25,020 *à un cent-millième près.*

On commence par multiplier le dividende et le diviseur par une puissance de 10 capable de rendre entier le diviseur (n° 108); il vient :

```
4504,7 | 2502
20027  | 1,80043
0011000
  09920
   2414
```

On obtient le chiffre des unités, comme il a été vu plus haut (n° 93); le chiffre des dixièmes s'obtient comme il a été dit au n° 106; il reste onze dixièmes, que l'on convertit en centièmes, en écrivant un zéro à la droite de 11; 110 divisé par 2502 donne 0 au quotient; donc le quotient ne renferme pas de centièmes.

On transforme ensuite les 100 centièmes en millièmes, en écrivant un zéro à droite de 110; 1100 divisé par 2502 donne encore 0 au quotient; donc le quotient ne renferme pas de millièmes. On convertit en dix-millièmes les 1100 millièmes et l'on obtient 11000; 11000 divisé par 2502 donne 4 au quotient, et 992 dix-millièmes pour reste. Ces 992 dix-millièmes se convertissent en 9920 cent-millièmes quand on écrit un zéro à droite; 9920 divisé par 2502 donne 3 au quotient, et 2414 pour reste.

On ne pourrait augmenter de un cent-millième le quotient 1,80043 sans le rendre plus grand que le quotient exact. Donc 1,80043 est le quotient cherché, à *un cent millième près*.

112. Règle. *Pour obtenir le quotient à une approximation décimale déterminée, on cherche d'abord les unités entières du quotient, puis successivement les dixièmes, les centièmes, etc., que l'on obtient en convertissant successivement en dixièmes, centièmes, etc., les restes obtenus, que l'on divise comme on le ferait s'il s'agissait uniquement de nombres entiers; l'on conduit l'opération jusqu'à ce que l'on ait obtenu l'ordre décimal déterminé par l'approximation demandée.*

113. Remarque I. Si l'on voulait obtenir une approximation plus grande sans pousser l'opération plus loin, on comparerait le reste au diviseur.

1° Le reste est-il la moitié du diviseur, on a le quotient à une demi-unité près de l'ordre décimal auquel on s'est arrêté. Ainsi dans l'exemple du n° 111, on aurait le quotient à un demi cent-millième près, si le reste 2414 était exactement la moitié du diviseur 2502.

2° Le reste est-il plus grand que la moitié du diviseur, comme dans l'exemple ci-dessus, on augmente le quotient d'une unité de l'ordre décimal auquel on s'est arrêté; on a ainsi le quotient approché à *un demi cent-millième près, par excès.*

3° Si le reste était inférieur à la moitié du diviseur, le quotient serait approché à un *demi cent-millième près, par défaut.*

114. Remarque II. Si l'on voulait avoir le quotient approché à un vingtième près, par exemple, on réduirait en vingtièmes les unités du reste; le quotient du nombre ainsi obtenu par le diviseur renfermerait des vingtièmes.

115. Prenons un exemple.

$$\begin{array}{r|l} 4507 & 345 \\ 1057 & \overline{} \\ 022 & 13\,\tfrac{1}{20} \\ \hline 440 & \end{array}$$

La partie entière du quotient est 13, le reste est 22; chaque unité vaut 20 vingtièmes; 22 unités en valent donc $20 \times 22 = 440$; divisant 440 par 345, on obtient 1; ce quotient partiel représente un vingtième; le quotient général a donc pour expression $13\,\dfrac{1}{20}$.

116. Pour obtenir un quotient exact lorsque le diviseur n'est pas contenu exactement dans le dividende, on peut mettre le reste en fraction sur le diviseur.

Prenons un exemple.

$$\begin{array}{r|l} 4507 & 55 \\ 507 & \overline{89} \\ 02 & \end{array}$$

Soit 4507 francs à partager entre 55 personnes. On divise 4507 par 55, on obtient 89 au quotient, et 2 pour reste. Chaque personne aura donc 89 francs; mais il reste 2 francs. S'il ne restait qu'un franc, il est évident que chaque personne devrait en avoir la cinquante-cinquième partie ou $\frac{1}{55}$; comme il reste 2 francs, chaque personne aura 2 fois $\frac{1}{55}$ ou $\frac{2}{55}$.

Donc *pour avoir la valeur exacte du quotient, quand la division ne se fait pas exactement, on met le reste en fraction sur le diviseur.*

117. PREUVE DE LA DIVISION. La preuve de la division peut se faire : 1° *par la division*, 2° *par la multiplication*, 3° *par 9* (n° 156).

118. *Preuve de la division par la division.*

Si l'opération ne s'est pas faite sans reste, on retranche d'abord du dividende le reste obtenu, puis on divise le dividende ainsi diminué par le quotient; on doit trouver pour quotient le diviseur, et zéro pour reste ; s'il n'y a pas de reste, en divisant le dividende par le quotient, on doit retrouver le diviseur.

119. *Preuve de la division par la multiplication.*

On multiplie le diviseur par le quotient; le produit ainsi obtenu est égal au dividende, si l'opération s'est faite sans reste ; s'il y a un reste, en l'ajoutant au produit, on doit retrouver le dividende.

QUELQUES THÉORÈMES

RELATIFS A LA MULTIPLICATION ET A LA DIVISION

120. Théorème. *Lorsqu'on a un nombre à diviser par un produit on peut le diviser successivement par chacun des facteurs de ce produit.*

Soit 120 à diviser par $30 = 2 \times 3 \times 5$.

$$\frac{120}{30} = 4 ; \text{ d'où } 120 = 30 \times 4 ; \qquad\qquad (1)$$

mais $30 = 2 \times 15$;

donc $120 = 30 \times 4 = (2 \times 15)\, 4$;

mais $15 = 3 \times 5$;

donc $120 = (2 \times 15)\, 4 = (2 \times 3 \times 5)\, 4 = 2\, (3 \times 5 \times 4)$.　　　(2)

Divisant le 1er et le dernier membre de l'égalité (2) par 2, il vient :

$$120 : 2 = 3\, (5 \times 4);$$

Divisant les deux membres par 3, il vient :

$$(120 : 2) : 3 = 5 \times 4;$$

Divisant les deux membres par 5, il vient :

$$[(120 : 2) : 3] : 5 = 4.　　　(3)$$

Dans les égalités (1) et (3), les quotients sont égaux ;
Donc, etc.

La réciproque de ce théorème est vrai ; elle se formule ainsi.

121. *Lorsqu'on doit diviser un nombre successivement par plusieurs facteurs, on peut le diviser par le produit de ces facteurs.*

Soit 120 à diviser par 2, puis par 3, puis par 5.

On aura :

$$\frac{120}{2} = q \, , \text{ et } 120 = 2q \qquad (1)$$

$$\frac{q}{3} = q' \qquad q = 3q' \qquad (2)$$

$$\frac{q'}{5} = q'' , \qquad q' = 5q'' \qquad (3)$$

d'où $\quad 120 = 2 \times 3 \times 5q''$;

d'où $\quad \dfrac{120}{2 \times 3 \times 5} = q''$;

mais q'' est le quotient trouvé dans la première des égalités (3)
Donc, etc.

122. Dans le théorème n° 120, on suppose que la division se fait sans reste ; si le diviseur n'était pas sous-multiple exact du dividende, le quotient serait le même dans les deux cas, mais les restes différeraient.

Ex. : *Soit le dividende* 125 *à diviser par* $2 \times 3 \times 5$; représentons le quotient par Q, et le reste par R ; il vient :

$$125 = (2 \times 3 \times 5)\, Q + R \qquad\qquad (1)$$

Représentant successivement par q, q', q''... les quotients successifs de 125 par 2, puis de q par 3, puis de q' par 5 ; et par r, r', r'' les restes respectifs de ces divisions, on aura :

$$125 = (2 \times q) + r ; \qquad\qquad (2)$$
$$q = (3 \times q') + r' ; \qquad\qquad (3)$$
$$q' = (5 \times q'') + r''. \qquad\qquad (4)$$

Remplaçant successivement q et q' par leur valeur dans la deuxième et la troisième égalité, il vient :

$$125 = 2 \times 3 \times q' + 2r' + r$$
$$\text{et } 125 = (2 \times 3 \times 5)\, q'' + (6r'' + 2r' + r).$$

Remarquons maintenant que
$$r'' \text{ égale au plus } 5 - 1 ;$$

donc $\qquad 6r''$ égale au plus $(5 - 1)\, 6 = 5 \times 6 - 6 ;$ $\qquad a$

$$r' \text{ égale au plus } 3 - 1 ;$$

donc $\qquad 2r'$ égale au plus $(3 - 1)\, 2 = 3 \times 2 - 2 ;$ $\qquad b$

$$r < 2. \qquad\qquad c$$

Additionnant les égalités a et b, et l'inégalité c, il vient :

$$6r'' + 2r' + r < 5 \times 6 - 6 + 3 \times 2 - 2 + 2 ;$$

mais $\quad (5 \times 6) - 6 + (3 \times 2) - 2 + 2 = 5 \times 6 = 5 \times 2 \times 3 ;$

donc $\qquad\qquad 6r'' + 2r' + r < 5 \times 2 \times 3 ;$

donc q'' indique le plus grand nombre de fois que $2 \times 3 \times 5$ est contenu dans 125 ;

Or Q, égalité (1), indique aussi ce plus grand nombre de fois ; donc $q'' = $ Q. D'ailleurs R (1) égale $6r'' + 2r' + r$; donc R $> r$. Donc, etc.

123. Théorème. *Quand on divise un facteur d'un produit par un nombre, le produit est divisé par ce nombre.*

Soit le produit 5×12 ; si l'on divise le multiplicateur 12 par 4, par exemple, il contiendra 4 fois moins d'unités ; donc le produit contiendra 4 fois moins de fois le multiplicande ; donc il sera divisé par 4.

2

Ce qui est prouvé pour le multiplicateur l'est aussi pour le multiplicande; car on peut intervertir l'ordre des facteurs (n° 66). Donc, etc.

124. Corollaire I. *Quand on divise plusieurs facteurs d'un produit chacun par un nombre, le produit est divisé par le produit de ces nombres.*

Soit le produit $7 \times 12 \times 15$, dont on divise le facteur 12 par 4 et le facteur 15 par 5 : je dis que le produit est divisé par 4×5.

En effet, en divisant 12 par 4, on divise le produit par 4; en divisant 15 par 5, on divise par 5 ce produit, déjà rendu 4 fois plus petit; il est donc rendu 4 fois 5 fois ou 20 fois plus petit. Donc, etc.

125. Corollaire II. *On ne change pas un produit quand, chaque fois que l'on multiplie un facteur par un nombre, on divise un autre facteur par le même nombre.*

Ainsi $7 \times 4 \times 10 \times 13 = (7 \times 2)\,(4 : 2)\,(10 : 5)\,(13 \times 5)$.

126. Corollaire III. *Quand on supprime un ou plusieurs facteurs d'un produit, on divise ce produit par le facteur ou le produit des facteurs supprimés.*

1° Soit le produit $3 \times 5 \times 7$, dans lequel on supprime le facteur 7, je dis que $3 \times 5 = \dfrac{3 \times 5 \times 7}{7}$

En effet, $3 \times 5 = 3 \times 5 \times 1$, mais $1 = \dfrac{7}{7}$

Donc $3 \times 5 = 3 \times 5 \times \dfrac{7}{7} = \dfrac{3 \times 5 \times 7}{7}$ (n° 123).

Donc, etc.

2° Soit le produit $3 \times 5 \times 7 \times 9$ dans lequel on supprime les facteurs 3 et 9; je dis que

$$5 \times 7 = \frac{3 \times 5 \times 7 \times 9}{3 \times 9}$$

En effet, $5 \times 7 = 1 \times 5 \times 7 \times 1 = \dfrac{3}{3} \times 5 \times 7 \times \dfrac{9}{9}$

Mais (n° 124) $\dfrac{3}{3} \times 5 \times 7 \times \dfrac{9}{9} = \dfrac{3 \times 5 \times 7 \times 9}{3 \times 9}$ C. Q. F. D.

127. Corollaire IV. *Pour diviser un nombre par un autre, il suffit de supprimer au dividende tous les facteurs du diviseur.*

Ainsi $$\frac{4 \times 9 \times 12 \times 20 \times 60}{9 \times 20 \times 60} = 48$$

128. Corollaire V. *Une division doit s'effectuer exactement quand le dividende contient tous les facteurs du diviseur.*

Car le quotient s'obtient par la suppression, au dividende, des facteurs du diviseur.

129. Théorème. *Si l'on multiplie le dividende par un nombre sans toucher au diviseur, le quotient est multiplié par ce nombre ainsi que le reste, s'il y en a un* (*).

En effet, soit $\qquad a : b$

$$a : b = q \text{ pour quotient et } r \text{ pour reste,}$$

d'où $$a = (b \, q) + r$$

Si l'on multiplie le premier membre de cette égalité par m, il faudra multiplier aussi le second membre par m; on aura donc :

$$a \times m = (b \, q) \, m + rm \, ;$$

mais (n° 70), $\qquad am = b \, (qm) + rm$

Or, dans cette dernière égalité, le quotient q et le reste r sont multipliés par m.

Donc, etc.

130. Théorème. *Si l'on divise le dividende par un nombre sans toucher au diviseur, le quotient est divisé par ce nombre ainsi que le reste.*

Soit $$a = b \times q + r$$

Divisant les deux membres de l'égalité par n, il vient :

$$\frac{a}{n} = \frac{b \times q}{n} + \frac{r}{n} = b \times \frac{q}{n} + \frac{r}{n} \text{ (n° 123).}$$

$$\text{C. Q. F. D.}$$

131. Théorème. *Si l'on multiplie le diviseur par un nombre sans toucher au dividende, le quotient est divisé par ce nombre, et le reste ne change pas.*

(*) **Remarque.** Ce théorème n'est rigoureusement vrai qu'autant que le produit du reste par le nombre qui multiplie le dividende est moindre que le diviseur. Dans l'exemple $125 : 30 = 4$ pour quotient $+ 5$ pour reste, multipliant les deux membres par 7, il vient $125 \times 7 : 30 = (4 \times 7)$ pour quotient $+ 35$ pour reste; or 35, étant plus grand que le diviseur, ne saurait être le reste.

Soit
$$a = (b \times q) + r$$

Si l'on multiplie l'un des facteurs du produit $b \times q$ par un nombre, m, par exemple, il faudra, pour que l'égalité ne soit pas troublée, diviser l'autre facteur par le même nombre m (n° 125).

Ainsi
$$a = (b \times m)\frac{q}{m} + r$$

C. Q. F. D.

132. Théorème. *Si l'on multiplie ou si l'on divise le dividende et le diviseur par un même nombre, le quotient n'est pas changé ; le reste est multiplié ou divisé par ce nombre.*

Soit
$$a = (b \times q) + r$$

multipliant les deux membres par m, il vient :

$$a \times m = (b \times q) m + r \times m = (b \times m) q + (r \times m),$$

ou divisant les deux membres par m, il vient :

$$\frac{a}{m} = \frac{b}{m} \times q + \frac{r}{m}$$

On doit faire ici une remarque analogue à celle du n° 129.

133. Remarque I. Lorsque le dividende et le diviseur sont terminés par des zéros, on peut supprimer un même nombre de zéros dans chacun d'eux.

133 *bis*. Remarque II. Lorsque le dividende et le diviseur ont des facteurs communs, on peut supprimer les facteurs communs sans troubler le quotient.

EXERCICES SUR LES QUATRE OPÉRATIONS

1° Peut-on ajouter ensemble les nombres suivants : 32 chèvres, 25 moutons, 16 porcs, 14 chevaux, 8 tables ?

2° Rendez compte des preuves des quatre opérations. Faites voir pourquoi elles donnent des probabilités et non des garanties absolues de l'exactitude des opérations.

3° Quelle est la condition pour que l'on puisse retrancher un nombre concret d'un autre nombre concret ?

4° Le multiplicateur est-il un nombre concret ?

5° La nature des unités du produit est-elle déterminée par celle des facteurs ?

6° Est-il absolument indifférent de prendre l'un quelconque des facteurs pour multiplicateur ?

7° Que devient le produit des facteurs 14 et 25 lorsqu'on augmente le 1er de 3 unités et le 2e de 7 ?

8° Que deviendrait le produit de ces mêmes nombres si on les diminuait respectivement de 3 et de 7 ?

9° La nature des unités du quotient est-elle déterminée par celle des deux termes de la division ?

10° Le diviseur est-il un nombre concret ?

11° Le dividende est-il le produit exact du diviseur par le quotient ?

12° Pourquoi, dans l'addition, écrit-on les unités sous les unités, les dizaines sous les dizaines, etc. ?

13° Quand on multiplie deux nombres inégaux par un même nombre, leur différence varie-t-elle ?

14° Pourquoi, dans la soustraction, ajoute-t-on 10 et non un autre nombre plus grand ou plus petit, à l'ordre d'unités trop faible du nombre supérieur ?

15° Comment peut-on rendre égaux plusieurs nombres sans en changer la somme ?

16° Que devient une somme quand on multiplie par une même quantité tous les nombres qui concourent à la former ?

17° On multiplie par un nombre deux des parties qui concourent à former une somme ; on divise par le même nombre deux autres parties de la somme ; y a-t-il compensation ?

18° Lorsque plusieurs nombres sont placés par ordre de grandeur, la somme des différences que l'on obtient en retranchant chacun de ces nombres de celui qui le suit immédiatement est égale à la différence des extrêmes.

19° Démontrer que si deux nombres de trois chiffres sont écrits inversement, leur différence est un multiple de 9 et de 11.

20° Trouver deux nombres dont la somme est 661 237 et le quotient 75.

21° On veut rendre 480 cent fois plus grand : quel nombre faut-il lui ajouter ?

22° Supposé que deux nombres ne soient terminés ni par 0 ni par 5, quelle sera la différence de leurs quatrièmes puissances ?

23° Pourquoi commencer les trois premières opérations par la droite ?

24° Combien un produit de m facteurs renferme-t-il de chiffres ?

25° On ajoute 8 à l'un des facteurs d'un produit, et l'on retranche 8 à l'autre facteur; y a-t-il compensation?

26° Dans toute division, le reste est plus petit que la moitié du dividende.

27° Multiplier 3457674 par 9 ou par 11, en faisant une simple soustraction ou une addition.

28° Quel est le nombre des chiffres d'un quotient par rapport au nombre des chiffres du dividende et du diviseur?

29° Trouver le produit de 345 par 699 en ne faisant qu'un produit partiel.

30° Multiplier 8456 par 246 en faisant deux produits partiels, l'un par 6, l'autre par 4.

31° Multiplier 36 par 5 en le divisant par 2; par 25, en le divisant par 4; par 125, en le divisant par 8.

32° Diviser 84 par 5, 25, 125.., en multipliant par 2, 4, 8....

33°. Le produit de deux nombres entiers égale 10000000000, trouver chacun des deux nombres.

34° Diviser un nombre par une puissance de 10, augmentée ou diminuée de 1.

35° Lorsqu'on ajoute 1 à chacun des deux facteurs d'un produit, de quoi est augmenté ce produit? Faire voir à quoi est égale la différence des carrés de deux nombres entiers consécutifs.

36° Quand on multiplie les mille du multiplicande par les centièmes du multiplicateur, quel ordre d'unités exprime le produit?

37° Qu'y a-t-il à remarquer au sujet du chiffre des unités des multiples consécutifs de 9, de 8...?

38° Le quotient d'une division était 15; on change le diviseur, le quotient devient 20 : quelle opération a-t-on fait sur le diviseur?

39° Dans quel cas le produit d'une multiplication peut-il augmenter ou diminuer d'une unité par suite de changements survenus aux facteurs? (On suppose les facteurs entiers.)

40° Lorsqu'on augmente le dividende et le diviseur, que devient le quotient?

41° Lorsqu'on ajoute au produit de deux nombres la somme et la différence de ces nombres, dans quel cas obtient-on le carré du plus grand?

42° On a divisé A par B; on recommence l'opération après avoir ajouté une unité au diviseur. Retrouvera-t-on le même quotient?...

43° On a divisé A par B; on recommence l'opération après avoir ajouté une unité au dividende. Retrouvera-t-on le même quotient?

44° Mêmes questions que 42° et 43°, en supposant que l'on ajoute successivement m unités à chacun des deux termes de la division.

45° En multipliant un certain nombre A par 640, on a obtenu un nombre égal au multiplicateur, plus 45000. Trouver A.

46° La somme de deux nombres est S ; leur quotient est Q : quels sont ces deux nombres ?

47° Paul a 25 francs de plus que Pierre ; si le premier avait 10 francs de plus, il possèderait 7 fois autant que le second : quelle somme a Pierre ?

48° Multiplier 14743 par 97 en faisant une simple soustraction.

49° Multiplier 19847548 par 3248648 en faisant seulement quatre produits partiels.

50° Multiplier 475 par 578 en multipliant seulement par 8 et par 7.

51° Multiplier 347 par 26 en n'écrivant qu'un produit partiel.

52° Multiplier 4527 par 3436 en n'écrivant que deux produits partiels.

53° Écrivez le produit de 457893 par 11 en additionnant chaque chiffre avec son voisin de la manière convenable.

CHAPITRE III

---

§ I. — DIVISIBILITÉ DES NOMBRES

134. On appelle *diviseur* d'un nombre tout nombre qui est contenu exactement une ou plusieurs fois dans ce nombre.

On appelle *sous-multiple* d'un nombre tout diviseur de ce nombre.

On appelle *multiple* d'un nombre un second nombre qui peut être divisé par le premier.

Tout nombre a au moins deux diviseurs : lui-même et l'unité.

135. Théorème. *Tout nombre qui en divise plusieurs autres divise leur somme.*

Soit 7 qui divise 35, 42 et 56, je dis qu'il divise leur somme.

On a en effet :

$$35 = 7 \times q$$
$$42 = 7 \times q'$$
$$56 = 7 \times q''$$

D'où, en additionnant membre à membre,

$$35 + 42 + 56 = 7\,(q + q' + q'')$$
$$\text{et } \frac{35 + 42 + 56}{7} = q + q' + q'' ;$$

Or q, q' et q'' sont, par hypothèse, des nombres entiers ; donc leur somme est un nombre entier.

Donc, etc.

136. Théorème. *Tout nombre qui en divise un autre divise ses multiples.*

Soit 7, qui divise 14, il divise aussi m fois 14.

$$\text{En effet,} \quad 14 = 7 \times q ;$$
$$14 \times m = 7 \times q \times m$$
$$\text{et } \frac{14\,m}{7} = m\,q. \qquad\qquad \text{C. Q. F. D.}$$

137. Théorème. *Tout nombre qui divise les parties d'une somme moins une ne divise pas la somme ; on obtient le même reste en divisant, par le nombre donné, la somme et la partie non divisible.*

Soient 24, 8 et 6, les parties d'une somme $(24 + 8 + 6)$. Les deux premières parties, 24 et 8, sont divisibles par 4, tandis que la troisième partie, 6, n'est pas divisible par ce nombre ; je dis que la somme $(24 + 8 + 6)$ n'est pas divisible par 4, et que les restes de la division par 4 de cette somme et de 6 sont égaux.

En effet,

$$24 = 4 \times q$$
$$8 = 4 \times q'$$
$$6 = 4 \times q'' + R$$

additionnant, il vient :

$$24 + 8 + 6 = 4 (q + q' + q'') + R$$

Donc le quotient de $24 + 8 + 6$ par 4 est la somme des quotients obtenus, et le reste R provient de la division de 6 par 4.

138. Théorème. *Tout nombre qui en divise deux autres divise leur différence. Ou tout nombre qui divise une somme et l'une de ses parties divise l'autre partie.*

Soit 7, qui divise 35 et 56, je dis qu'il divise $56 - 35$. On a en effet,

$$56 = 7 \times q \qquad\qquad (1)$$
$$35 = 7 \times q' \qquad\qquad (2)$$

retranchant membre à membre la 2e égalité de la 1re, il vient :

$$56 - 35 = 7 (q - q')$$
$$\text{d'où} \qquad \frac{56 - 35}{7} = q - q'$$

Or q et q' sont, par hypothèse, des nombres entiers ; donc leur différence est un nombre entier.

CARACTÈRES DE DIVISIBILITÉ DES NOMBRES

139. Les *caractères de divisibilité* des nombres sont les signes auxquels on reconnaît promptement si des nombres peuvent être divisés par certains autres nombres.

140. Théorème. *Tout nombre est un multiple de 2 ou de 5, plus le chiffre de ses unités.*

En effet, tout nombre peut se décomposer en ses dizaines et en ses unités. Soit 457;

$$457 = 450 + 7.$$

Or 10 est un multiple de 2 et de 5, 450 est donc aussi un multiple de 2 et de 5 ; donc, etc. .

141. Le reste de la division d'un nombre par 2 et par 5 est le même que le reste de la division du chiffre de ses unités par 2 et par 5.

En effet, soit 457 ;

$$457 = 450 + 7$$
$$450 = m\,2 = m'\,5$$
$$7 = n\,2 + r = n'\,5 + r' \,;$$
$$\text{donc} \quad 450 + 7 = m\,2 + n\,2 + r$$
$$\text{et} \quad 450 + 7 = m'\,5 + n'\,5 + r'$$

C. Q. F. D.

142. Corollaire. *Donc tout nombre terminé par un chiffre pair est divisible par 2, et tout nombre terminé par 5 est divisible par 5.*

143. Corollaire. *Le reste de la division d'un nombre par 2^n ou par 5^n est égal au reste de la division du nombre que forment ses n derniers chiffres, par 2^n ou par 5^n* (n° 141).

Donc,

Pour qu'un nombre soit divisible par 2^n ou par 5^n, il faut et il suffit que le nombre formé par ses n derniers chiffres soit un multiple de 2^n ou de 5^n.

DIVISIBILITÉ PAR 9 ET PAR 3

145. *Tout nombre est un multiple de 9 et de 3, augmenté de la somme de ses chiffres.*

Cette propriété repose sur les trois propositions suivantes.

146. Théorème. *Toute puissance de 10, diminuée de 1, est multiple de 9.*

$$10 = 9 + 1; \quad \text{d'où} \quad 10 - 1 = 9$$
$$10^2 = 100 = 99 + 1; \text{d'ou } 100 - 1 = 99 = 90 + 9 = m\,9$$
$$10^3 = 1000 = 999 + 1; \text{d'où } 1000 - 1 = 999 = 990 + 9 = m'\,9$$

Les derniers membres de ces égalités sont des multiples de 9 ; donc, etc.

147. Théorème. *Tout chiffre significatif suivi de zéros est un multiple de 9, augmenté du chiffre significatif.*

En effet,

$$4000 = 1000 \times 4 = (999 + 1) \, 4 = (999 \times 4) + 4 ;$$

or 999×4 est un multiple de 9 ; donc, etc.

148. Théorème. *Le reste de la division d'un nombre par 9 est égal au reste de la division par 9 de la somme de ses chiffres.*

En effet, soit $4875 = 4000 + 800 + 70 + 5$; on a (n° 147)

$$
\begin{aligned}
4000 &= 9 \times m + 4 \\
800 &= 9 \times m' + 8 \\
70 &= 9 \times m'' + 7 \\
5 &= \qquad\quad 5
\end{aligned}
$$

Additionnant membre à membre, il vient :

$$4875 = 9 \, (m + m' + m'') + 4 + 8 + 7 + 5$$

Donc (n° 137), le reste de la division de 4875 par 9 sera le même que celui de la division de $4 + 8 + 7 + 5$ par 9.

Donc, *tout nombre est un multiple de 9, augmenté de la somme de ses chiffres.*

Donc *un nombre est divisible par 9 quand la somme de ses chiffres significatifs est divisible par 9.*

149. Remarque. Puisque 9 est un multiple de 3, tout multiple de 9 est aussi multiple de 3 ; donc, *le reste de la division d'un nombre par 3 est le même que le reste de la division de la somme de ses chiffres significatifs par 3 ; donc tout nombre est divisible par 3 quand la somme de ses chiffres est un multiple de 3.*

DIVISIBILITÉ PAR 11

150. *Tout nombre est un multiple de 11, augmenté de la différence obtenue en retranchant la somme de ses chiffres de rang pair de celle des chiffres de rang impair à partir de la droite.*

Si la somme des chiffres de rang pair était supérieure à celle des chiffres de rang impair, on augmenterait cette dernière d'autant de fois 11 qu'il serait nécessaire pour qu'on pût faire la soustraction.

Cette propriété se démontre par les propositions suivantes :

151. Théorème. *Toute puissance impaire de 10, augmentée de 1, est un multiple de 11 ; toute puissance paire de 10, diminuée de 1, est aussi un multiple de 11.*

$$10 + 1 = \qquad\qquad\qquad\qquad\qquad 11 \times 1$$
$$10^2 - 1 = \quad 100 - 1 = \quad 99 = \qquad\qquad 11 \times 9$$
$$10^3 + 1 = \quad 1000 + 1 = \quad 990 + \qquad 11 = 11 + (11 \times 90)$$
$$10^4 - 1 = 10000 - 1 = 9999 = 9900 + 99 = (11 \times 9) + (11 \times 900)$$
$$10^5 + 1 = 100000 + 1 = 100001 = 99990 + 11 = 11 + (11 \times 90) + (11 \times 9000)$$

Or les derniers membres de toutes ces égalités sont des multiples de 11 ; donc, etc.

152. Théorème. *Tout chiffre significatif suivi d'un nombre impair de zéros est un multiple de 11 moins ce chiffre significatif, et tout chiffre significatif suivi d'un nombre pair de zéros est un multiple de 11 plus ce chiffre significatif.*

$$\text{Ainsi} \quad 40 = 10 \times 4 = (10 + 1) 4 - 4 = m \; 11 - 4$$
$$400 = 100 \times 4 = (100 - 1) 4 + 4 = 4 m' \; 11 + 4$$
$$4000 = 1000 \times 4 = (1000 + 1) 4 - 4 = 4 m'' \; 11 - 4$$

Donc, etc.

153. Théorème. *Le reste de la division d'un nombre par 11 est égal au reste de la division par 11 de la différence obtenue en retranchant la somme de ses chiffres de rang pair de celle des chiffres de rang impair à partir de la droite.*

Soit $4875 = 4000 + 800 + 70 + 5$; on a (n° 152)

$$4000 = 11 \; m \; - 4$$
$$800 = 11 \; m' \; + 8$$
$$70 = 11 \; m'' \; - 7$$
$$5 = \qquad\qquad 5$$

Additionnant membre à membre, il vient :

$$4875 = 11 \; (m + m' + m'') + 8 + 5 - (4 + 7)$$

Donc (n° 137), le reste de la division de 4875 par 11 sera le même que le reste de la division par 11 du nombre $8 + 5 - (4 + 7)$.

Donc, *tout nombre est un multiple de 11*, etc. (n° 150).

Corollaire. *Donc, un nombre est divisible par 11 quand la différence entre ces deux sommes est nulle.*

Remarque. Si l'on avait un nombre comme 918376, tel que la somme $7 + 8 + 9 = 24$ fût plus grande que $6 + 3 + 1 = 10$, on augmenterait 10 de deux fois 11, ou 22, et la différence $(22 + 10) - 24 = 8$ serait le reste de la division de 918376 par 11.

154. Preuve par 9 de la multiplication.

$$347 = m\,9 + 5$$
$$526 = m'9 + 4$$

Soit à vérifier si 182522 est le produit de 347 par 526.

On cherche d'abord le reste de la division de chacun des facteurs par 9 ; le produit de ces restes, divisé par 9, doit donner le même reste que la division du produit 182522 par 9 ; en effet :

$$182522 = 347 \times 526 = (m9 + 5)(m'9 + 4) = m9m'9 + 4m9 + 5m'9 + 4 \times 5$$

Les quatre premiers termes du dernier membre sont des multiples de 9 ; si le dernier est aussi un multiple de 9, 182522 doit être un multiple de 9 (n° 135) ; dans le cas contraire, les restes doivent être égaux de part et d'autre (n° 137).

155. Dans la pratique, on fait cette preuve comme il est indiqué à droite de l'opération ; on écrit dans l'angle dont l'ouverture est à gauche le reste 5 obtenu en divisant le multiplicande par 9 ; dans celui dont l'ouverture est à droite, le reste 4 de la division du multiplicateur par 9 ; dans celui qui est dirigé vers le haut, le reste 2 de la division par 9 du produit de ces deux restes ; et enfin, dans le quatrième angle, le reste 2 de la division du produit par 9. Les deux nombres placés dans le 3e et dans le 4e angle doivent être égaux.

156. Preuve par 9 de la division.

Si la division s'est faite sans reste, on procède comme pour la multiplication, se rappelant que le dividende est un produit qui a pour facteurs le diviseur et le quotient.

S'il y a eu un reste, on le retranche préalablement du dividende ; le résultat ainsi obtenu est le produit exact du diviseur par le quotient trouvé ; on procède ensuite comme il vient d'être dit.

DU PLUS GRAND COMMUN DIVISEUR

Le *plus grand commun diviseur* (*p. g. c. d.*) de plusieurs nombres est le plus grand nombre par lequel on puisse les diviser tous.

La théorie du *p. g. c. d.* repose sur le principe suivant :

157. Théorème. *Tout nombre qui en divise deux autres, divise le reste de la division du plus grand par le plus petit.*

Soient a le dividende, b le diviseur, r le reste et q le quotient; on a :

$$a = bq + r, \text{ et } a - bq = r.$$

Or (n° 138) tout nombre qui divise a et bq divise leur différence r; donc, etc.

158. Lorsque le plus petit des deux nombres dont on cherche le *p. g. c. d.* n'admet pas d'autre diviseur que lui-même et l'unité, il est lui-même le *p. g. c. d.* s'il divise le plus grand nombre; dans le cas contraire, ces deux nombres n'ont pas d'autre commun diviseur que l'unité.

159. Soit à trouver le *p. g. c. d.* entre les deux nombres 265 et 225.

Si 225 divise 265, il est lui-même le *p. g. c. d.*; s'il ne le divise pas, le *p. g. c. d.* de 225 et 265 est le même que celui de 225 et du reste de la division; on essaiera si ce reste est lui-même le *p. g. c. d.*, ce qui aurait lieu s'il divisait exactement 225; si cette seconde division ne se fait pas exactement, le *p. g. c. d.* sera le même que celui du premier et du second reste, et ainsi de suite.

On effectue les divisions successives, et le dernier reste est évidemment le *p. g. c. d.*, car c'est le plus grand nombre qui divise 5, 10, 15, 25, 225 et 265.

265	1	5	1	1	1	2
40	225	40	25	15	10	5
	25	15	10	5	0	

Pour plus de rapidité dans les calculs, on dispose les nombres de la manière suivante : on écrit le dividende d'abord, puis un trait vertical, à la droite duquel on écrit le diviseur; on tire un trait horizontal sous chacun d'eux et au-dessus du diviseur. C'est au-dessus du diviseur qu'on écrit le quotient. Le premier reste s'écrit à la droite du diviseur, qui devient dividende, puis le nouveau quotient se place à droite du précédent, et ainsi de suite.

160. **Théorème.** *Tout nombre qui en divise deux autres, divise leur p. g. c. d.*

Soit a et b deux nombres; r, r' et r'' les restes successifs obtenus dans la recherche de leur *p. g. c. d.*

Tout diviseur de a et b divise r (n° 157); de même tout diviseur de b et r divise r'... et ainsi de suite.

Donc tout diviseur de a et b divise r, r', r''...

Mais le dernier de ces restes est le *p. g. c. d.* de a et b.

Donc, etc.

Remarque. La limite du nombre des divisions à faire dans la recherche du *p. g. c. d.* de deux nombres est l'exposant de la plus haute puissance de 2 contenue dans le plus petit nombre.

Soient a et b deux nombres, r, r', r''... les restes successifs.

Chacun des diviseurs successifs est moindre que la moitié du précédent; donc on a :

$$b > 2\,r$$
$$r > 2\,r'$$

multipliant membre à membre, il vient :

$$r' > 2\,r_{n-1}$$

$b > 2^n \times r_n$; mais r_n est au moins égal à 1;

$$r_{n-1} > r_n$$

donc $b > 2^n$ C.Q. F. D.

161. Soit à trouver le *p. g. c. d.* de plusieurs nombres.

Soient les nombres 60, 48, 30 et 15.

On cherche d'abord le *p. g. c. d.* des deux premiers, 60 et 48; ce qui donne 12, puis le *p. g. c. d.* de 12 et 30, ce qui donne 6, enfin le *p. g. c. d.* de 6 et 15, ce qui donne 3. Je dis que 3 est le *p. g. c. d.* des nombres proposés. En effet, 1° il est commun diviseur : il divise 15 et 6; il divise 30 et 12, leurs multiples; il divise aussi 48 et 60, multiples de 12 et de 30.

2° Il est le plus grand diviseur commun; car le *p. g. c. d.* de 60, 48, 30 et 15, divisant 60 et 48, doit diviser 12 (n° 157). S'il divise 30 et 12, il doit diviser 6, leur *p. g. c. d.* (n° 160); s'il divise 6 et 15, il divise 3, leur *p. g. c. d.*

Donc, etc.

§ II. — DES NOMBRES PREMIERS

162. On appelle *nombre premier absolu* un nombre qui n'a pas d'autre diviseur que lui-même et l'unité.

Ex. : 1, 2, 3, 5, 7, 11, 13, 17, 19.

On appelle *nombres premiers entre eux* plusieurs nombres qui n'ont pas d'autre diviseur commun que l'unité.

1er **Ex.** : 13 et 17, qui sont *premiers absolus,* sont, à plus forte raison, *premiers entre eux.*

2e **Ex.** : 4 et 13 sont aussi *premiers entre eux,* bien que l'un d'eux, 4, ne soit pas *premier absolu.*

3ᵉ **Ex.** : 10 et 27, qui ne sont *premiers absolus* ni l'un ni l'autre, sont cependant *premiers entre eux.*

163. Théorème. *Tout nombre qui n'est pas premier absolu admet au moins un diviseur premier.*

D'abord, il admet au moins un diviseur autre que l'unité; ce diviseur est premier ou ne l'est pas. S'il est premier, la proposition est établie; s'il ne l'est pas, il admet au moins un diviseur autre que l'unité, et qui divise le nombre proposé; ce nouveau diviseur est premier ou il ne l'est pas; s'il l'est, la proposition est établie; s'il ne l'est pas, il admet au moins un diviseur; on arrivera ainsi à un nombre qui n'aura pour diviseur que l'unité, et qui sera évidemment un sous-multiple du nombre proposé.

Donc, etc.

164. Théorème. *Deux nombres consécutifs sont toujours premiers entre eux.*

En effet (n° 138), tout nombre qui diviserait deux nombres consécutifs devrait diviser leur différence 1;

Or l'unité n'a pas de diviseur autre que l'unité elle-même;

Donc ils sont premiers entre eux.

165. Théorème. *Tout nombre premier qui ne divise pas un nombre entier est premier avec celui-ci.*

Soit le nombre premier 11 qui ne divise pas 30; je dis que 11 et 30 sont premiers entre eux.

En effet, puisque 11 n'a pas d'autre diviseur que lui-même et l'unité, et qu'il ne divise pas 30, il s'ensuit que 1 est le seul diviseur commun à 11 et à 30. C. Q. F. D.

166. Théorème. *Quand on multiplie ou que l'on divise deux nombres par un troisième, leur p. g. c. d. est multiplié ou divisé par ce nombre.*

Soient les deux nombres A et B, et leur *p. g. c. d.* D

1°
$$A = Dq;$$
$$B = Dq';$$

Multipliant les deux membres de ces égalités par m, il vient :

$$Am = Dqm = q \times Dm$$
$$Bm = Dq'm = q' \times Dm;$$

Donc, quand on multiplie, etc.

2° On verrait de même que

$$A : m = q \times (D : m),$$
$$\text{Et } B : m = q' \times (D : m);$$

Donc, etc.

167. Théorème. *Quand on divise deux nombres par leur* p. g. c. d., *les quotients obtenus sont premiers entre eux.*

Soient A et B les deux nombres, D leur *p. g. c. d.*; si on les divise par D, leur *p. g. c. d.* sera divisé par D (n° 166-2°); donc $\dfrac{A}{D}$ et $\dfrac{B}{D}$ ont pour *p. g. c. d.* 1.

Donc, etc.

168. Théorème. *Tout nombre qui divise un produit de deux facteurs et qui est premier avec l'un d'eux divise l'autre facteur.*

Soit le nombre 4 qui divise le produit 288 de 32 par 9, et qui est premier avec 9; je dis qu'il divise 32.

En effet, le *p. g. c. d.* de 4 et 9 est évidemment 1; donc le *p. g. c. d.* des produits 4×32 et 9×32 est 1×32 (n° 166); or 4 divise par hypothèse le produit 9×32; il divise aussi 4×32; puisque 4 divise les deux nombres 9×32 et 4×32, il divise leur *p. g. c. d.* 32 (n° 160).

169. Théorème. *Tout nombre premier qui divise un produit de plusieurs facteurs divise au moins l'un de ces facteurs.*

Soit le nombre 5 qui divise le produit $7 \times 9 \times 11 \times 20$; je dis qu'il divise au moins l'un des facteurs.

En effet, ce produit peut être écrit sous cette forme : $7 (9 \times 11 \times 20)$, qui le ramène à être un produit de deux facteurs.

Mais (n° 168) si 5 ne divise pas 7, il est premier avec 7; il doit donc diviser le produit $(9 \times 11 \times 20)$.

Ce produit peut être écrit sous cette forme :

$$9 \times 11 \times 20 = 9 (11 \times 20)$$

Si 5 est premier avec 9, il doit diviser 11×20; s'il est premier avec 11, il doit diviser 20.

Donc, etc.

170. Corollaire I. *Pour qu'un nombre premier divise un produit de plusieurs facteurs* PREMIERS ABSOLUS, *il faut qu'il égale un de ces facteurs.*

Car, divisant le produit, il doit diviser au moins l'un des facteurs; mais il ne peut diviser un facteur *premier absolu* qu'autant qu'il égale ce facteur.

171. Corollaire II. *Si un nombre est premier avec tous les facteurs d'un produit, il est premier avec ce produit.*

Soient le produit $a \times b \times c \times d$ et le nombre p, premier avec tous les facteurs de ce produit.

Si p et le produit ont un diviseur commun D, ce diviseur divise au moins l'un des facteurs a du produit; alors a et p ont pour diviseur premier commun D, ce qui est contraire à l'hypothèse.

Donc, etc.

Remarque. *La réciproque est vraie.* Démonstration analogue.

172. Théorème. *Tout nombre premier qui divise une puissance d'un nombre, divise ce nombre.*

Soit 3 qui divise 12^3, je dis qu'il divise 12.

En effet, on a $12^3 = 12 \times 12 \times 12$. Or 3, divisant le produit $12 \times 12 \times 12$, doit diviser au moins l'un de ses facteurs 12 (n° 169).

173. Théorème. *Si deux nombres sont premiers entre eux, toute puissance de l'un est première avec toute puissance de l'autre.*

Soient 14 et 27, nombres premiers entre eux; je dis que 14^4 et 27^8 sont premiers entre eux.

En effet, si 14^4 et 27^8 avaient un facteur commun, ce facteur devrait, d'une part, diviser $14 \times 14 \times 14 \times 14$, par conséquent (n° 169) 14; d'autre part, $27 \times 27 \times 27 \times 27 \times 27 \times 27 \times 27 \times 27$, et par conséquent (n° 169) 27. Donc, 14 et 27 auraient un facteur commun, ce qui est contre l'hypothèse.

Donc, etc.

174. Théorème. *Tout nombre divisible par plusieurs nombres premiers entre eux, pris deux à deux, est divisible par leur produit.*

Soit 1260 qui est divisible par 4, 5 et 9; je dis qu'il est divisible par $4 \times 5 \times 9$.

En effet, on a :

$$1260 = 4 \times 315 \qquad\qquad (1)$$

mais 5 doit diviser 1260 ou 4×315; donc (n° 168) il divise 315, et l'on peut écrire :

$$315 = 5 \times 63$$

d'où, $1260 = 4 \times 5 \times 63 = (4 \times 5) \times 63; \qquad\qquad (2)$

mais 9 doit diviser 1260 ou (4×5) 63; donc, s'il est premier avec (4×5), il divise 63, et l'on peut écrire :

$$63 = 9 \times 7$$

Remplaçant dans l'égalité (2) 63 par sa valeur, il vient :
$$1260 = 4 \times 5 \times 9 \times 7 = (4 \times 5 \times 9) \, 7$$
Donc, etc.

175. Remarque I. Il faut considérer les facteurs du produit *deux à deux*, et non dans leur ensemble; ainsi 120, par exemple, n'est pas divisible par $3 \times 6 \times 5$, bien que ces nombres n'aient pas d'autre diviseur commun que l'unité; considérés *deux à deux*, 3 et 6 ont un diviseur commun, 3.

175 *bis*. Remarque II. Les nombres *premiers absolus* sont nécessairement *premiers entre eux*; la propriété qui vient d'être établie (n° 173) leur est applicable; on peut donc conclure que :
Tout nombre divisible par 2 et par 3 est divisible par 6
. . . . 2. . . . 5, 5², 5³. 10, 50, 150
. . . . 2. . . . 7, 7², 7³. . . . . 14, 98, etc.
. . . . 2. . . . 9, 9², 9³. . . . . 18...

176. Théorème. *Un nombre qui n'a pas de plus petit diviseur que sa racine carrée* (*) *n'en a pas de plus grand.*
En effet, soit N un nombre, R sa racine

$$N = R \times R;$$

mais si N a un diviseur $D > R$, on aura :

$$N = D \times q,$$

d'où $\qquad N = D \times q = R \times R;$

Pour que cette dernière égalité fût vraie, il faudrait que le facteur q fût plus petit que R, puisque D est plus grand; mais, par hypothèse, N n'a pas de diviseur plus petit que R;
Donc, etc.

177. Théorème. *Si deux nombres ne sont pas premiers entre eux, ils ont au moins un diviseur commun premier.*
Puisque les deux nombres ne sont pas premiers entre eux, ils

(*) La racine carrée d'un nombre est un autre nombre qui, pris deux fois comme facteur, reproduit le nombre proposé. Ainsi 12 est la racine carrée de 144, parce que $12 \times 12 = 144$.

ont un diviseur commun autre que l'unité; mais ce diviseur est premier ou il ne l'est pas. S'il est premier, la proposition est établie; s'il ne l'est pas, il admet au moins un diviseur premier (n° 163) sous-multiple des deux nombres.

Donc, etc.

178. Théorème. *La suite des nombres premiers est illimitée.*

Supposons pour un instant que la suite des nombres premiers soit 1, 2, 3, 5, 7, 11, 13, 17..., 107, et que 107 soit le plus grand des nombres premiers. Formons le produit de ces nombres premiers et augmentons-le de l'unité, nous aurons :

$$(1 \times 2 \times 3 \times 5 \times 7 \times 11... 107) + 1 = S.$$

S est évidemment plus grand que 107. Si S est un nombre premier, la proposition est démontrée; si S n'est pas premier, il admet au moins un diviseur premier (n° 163), qui ne peut être de la suite des nombres premiers compris dans le premier membre de l'égalité précédente, car alors il diviserait une somme S et l'une des parties de cette somme $(1 \times 2 \times 3..., 107)$; il devrait diviser l'autre partie 1 de la somme (n° 138), ce qui est impossible. Donc le diviseur de S, facteur premier, est supérieur à 107; donc 107 n'est pas le plus grand des nombres premiers. On pourrait faire une démonstration semblable en prenant pour dernier nombre premier un nombre premier quelconque autre que 107. Donc, etc.

FORMATION D'UNE TABLE DE NOMBRES PREMIERS

179. Pour former une table de nombres premiers, on écrit la suite naturelle des nombres; dans le tableau suivant, nous nous sommes arrêtés à 100, mais on doit supposer indéfinie la suite des nombres (n° 178); on se dispense d'écrire les nombres pairs autres que 2.

1, 2, 3, 5, 7, 9, 11, 13, 15, 17, 19, 21, 23, 25, 27, 29, 31, 33, 35, 37, 39, 41, 43, 45, 47, 49, 51, 53, 55, 57, 59, 61, 63, 65, 67, 69, 71, 73, 75, 77, 79, 81, 83, 85, 87, 89, 91, 93, 95, 97, 99.

A partir de 3, on barre de trois en trois rangs les nombres de ce tableau; on supprime ainsi les multiples de 3; à partir de 5, on les barre de 5 en 5, et ainsi de suite.

Ce procédé, dû à *Ératosthène,* est appelé *crible d'Ératosthène.*

180. Théorème. *Tout nombre qui n'est pas premier est décomposable en un système de facteurs premiers.*

Soit N un nombre qui n'est pas premier, il admet au moins un diviseur premier a (n° 163); soit q le quotient de N par a;

on a $$N = aq;$$

Si q est premier, la proposition est démontrée; s'il n'est pas premier, il admet au moins un diviseur premier b (n° 163); soit q' le quotient de q par b, on a $q = bq'$, d'où $N = abq'$. On dirait de q' ce que l'on a dit de q et de N; or q est plus petit que N, et q' plus petit que q; on arriverait nécessairement, après un certain nombre d'opérations, à un quotient égal à 1, et alors on remarquerait que le quotient précédemment obtenu est premier, ou l'on arriverait à une égalité de cette forme :

$$N = a \times b \times c \times d \times \ldots 1;$$

Donc, etc.

181. Théorème. *Un nombre ne peut se décomposer qu'en un seul système de facteurs premiers.*

Soit $$N = a \times b \times c \times d.$$

Supposons que l'on ait encore :

$$N = a' \times b' \times c' \times d',$$

il viendra évidemment :

$$a \times b \times c \times d = a' \times b' \times c' \times d'\cdot$$

Puisque a divise le premier membre de cette égalité, il doit diviser le second; donc, puisqu'il est premier absolu, il devra diviser au moins l'un des facteurs a', b', c', d'; mais ces facteurs sont premiers absolus; donc il ne peut en diviser un qu'à la condition de lui être égal : soit $a = a'$.

On verrait de même que $b = b'$, $c = c'$ et $d = d'$; donc les deux systèmes supposés sont identiques et n'en forment qu'un seul.

Si plusieurs facteurs du premier produit considéré sont égaux, il y a un même nombre de facteurs égaux à ceux-là dans le deuxième produit.

DÉCOMPOSITION D'UN NOMBRE EN SES FACTEURS PREMIERS

182. Soit à décomposer un nombre 9240 en ses facteurs premiers.

9240	2
4620	2
2310	2
1155	3
385	5
77	7
11	11
1	1

D'abord on reconnaît que 9240 est divisible par 2, et donne pour quotient 4620 ; on écrit le diviseur à droite et le quotient sous le nombre proposé ; 4620 est divisible par 2 ; quotient 2310, encore divisible par 2 ; nouveau quotient 1155, divisible par 3 ; nouveau quotient 385, divisible par 5 ; nouveau quotient 77, divisible par 7 ; nouveau quotient 11 ; dernier quotient 1 ; d'où

$$9240 = 1 \times 2^3 \times 3 \times 5 \times 7 \times 11.$$

183. Règle. Pour décomposer un nombre en ses facteurs premiers, on tire une ligne verticale à droite du nombre ; on le divise par les facteurs premiers les plus simples qu'il renferme, ayant soin d'écrire l'un sous l'autre, à droite de la ligne verticale, les diviseurs employés. Les quotients successifs s'écrivent sous le nombre proposé.

184. *Trouver tous les diviseurs d'un nombre.*

Il est évident que, quand on fait le produit de plusieurs facteurs d'un nombre, on obtient un diviseur de ce nombre (n° 128).

Prenons par exemple le nombre 27720.

$$27720 = 1 \times 2^3 \times 3^2 \times 5 \times 7 \times 11.$$

Or 27720 a pour diviseurs non-seulement ses facteurs premiers, mais encore tous les nombres obtenus par les divers produits que peuvent former ces facteurs combinés de diverses manières.

Ainsi on aura d'abord comme diviseurs

$$1, \ 2, \ 2^2, \ 2^3.$$

C'est donc 4 diviseurs tant simples que composés, ou 1 diviseur de plus qu'il n'y a d'unités dans l'exposant 3 du facteur 2.

Chacun de ces diviseurs peut être multiplié successivement par la première et par la deuxième puissance de 3.

On obtient ainsi deux nouvelles séries, qui contiennent chacune autant de diviseurs qu'il y en a déjà dans la première.

Chacun de ces diviseurs peut être multiplié par le facteur 5 ; on aura :

1	2	2^2	2^3
1×3	2×3	$2^2 \times 3$	$2^3 \times 3$
1×3^2	2×3^2	$2^2 \times 3^2$	$2^3 \times 3^2$
1×5	2×5	$2^2 \times 5$	$2^3 \times 5$
$1 \times 3 \times 5$	$2 \times 3 \times 5$	$2^2 \times 3 \times 5$	$2^3 \times 3 \times 5$
$1 \times 3^2 \times 5$	$2 \times 3^2 \times 5$	$2^2 \times 3^2 \times 5$	$2^3 \times 3^2 \times 5$

On continuerait de même avec les facteurs 7 et 11.

La première ligne renferme 4 nombres, c'est-à-dire autant plus 1 qu'il y a d'unités dans l'exposant 3 du facteur 2 ; cette ligne est ensuite prise deux fois, c'est-à-dire autant de fois qu'il y a d'unités dans l'exposant 2 des facteurs 3 ; on a donc :

$$3 + 1 + (3 + 1)\, 2 = (3 + 1)\, (2 + 1) \text{ diviseurs.}$$

Ces diviseurs, multipliés par 5, en donnent une nouvelle série égale à celle que l'on a déjà ; donc on a en tout :

$$(3 + 1)(2 + 1) + (3 + 1)(2 + 1) = (3 + 1)\,(2 + 1)\,(1 + 1).$$

En continuant avec 7 et 11, on arriverait au nombre

$$(3 + 1)(2 + 1)(1 + 1)(1 + 1)(1 + 1).$$

185. Généralisant, si nous désignons par n, n' et n'', n''' et n'''' les exposants de 2, 3, 5, 7 et 11, l'expression du nombre des diviseurs d'un nombre sera :

$$(n + 1)\, (n' + 1)\, (n'' + 1)\, (n''' + 1)\, (n'''' + 1).$$

186. **Règle.** *Donc pour trouver le nombre des diviseurs simples et composés d'un nombre, on fait le produit des exposants de tous les facteurs premiers, préalablement augmentés de 1.*

RECHERCHE DU P. G. C. D.

187. On peut trouver le *p. g. c. d.* de plusieurs nombres dont on connaît les facteurs premiers.

Soient les nombres $36 = 2^2 \times 3^2$; $24 = 2^3 \times 3$; $84 = 2^2 \times 3 \times 7$; je dis que leur *p. g. c. d.* $= 2^2 \times 3$.

1° Ce nombre, en effet, est un commun diviseur, car les facteurs premiers qu'il renferme sont tous contenus dans chacun des trois nombres (n° 128).

2° Il est le *p. g. c. d.*, car s'il n'était pas le *p. g. c. d.*, on pourrait le rendre plus grand : 1° par l'introduction d'un nouveau facteur, 5, par exemple, et alors ce nombre ne diviserait plus aucun des trois nombres proposés ; ou 2° en augmentant de 1 l'exposant de l'un des facteurs communs, 3, par exemple ; par suite, il cesserait de diviser au moins deux des nombres proposés.

Donc $2^2 \times 3$ est le *p. g. c. d.*

188. Règle. *Pour trouver le* p. g. c. d. *de plusieurs nombres au moyen des facteurs premiers, on fait le produit des facteurs communs des deux nombres pris avec leur plus faible exposant.*

RECHERCHE DU PLUS PETIT COMMUN MULTIPLE

189. On appelle *commun multiple* de plusieurs nombres un nombre qui est divisible par ces nombres.

Ainsi 30, qui est divisible par 2, par 3, par 5, par 6, par 10, par 15, est commun multiple de 2, 3, 4, 5, 6, 10, 15.

190. Le *plus petit commun multiple* (p. p. c. m.) de plusieurs nombres est le plus petit nombre qui soit divisible par chacun de ces nombres.

190 *bis*. Soit à trouver le *p. p. c. m.* des nombres 12, 18, 30, 48, 54 au moyen des facteurs premiers de ces nombres.

On cherchera d'abord les facteurs premiers de ces nombres ; on aura ainsi :

$$12 = 2^2 \times 3$$
$$18 = 2 \times 3^2$$
$$30 = 2 \times 3 \times 5$$
$$48 = 2^4 \times 3$$
$$54 = 2 \times 3^3$$

Pour qu'un nombre soit divisible par 12, il est nécessaire et il suffit (n° 128) qu'il renferme les facteurs premiers de 12 ; pour qu'il soit divisible par 18, 30, etc., il faut qu'il renferme les facteurs premiers de ces nombres ; donc le *p. p. c. m.* doit contenir tous les facteurs premiers de tous les nombres dont il est commun multiple (n° 128), et il ne doit pas en contenir d'autres. On formera le *p. p. c. m.* de 12, 18, 30, 48 et 54 en prenant tous les facteurs premiers communs, avec leur plus fort exposant ; on aura ainsi, pour l'expression du *p. p. c. m.*

$$2^4 \times 3^3 \times 5.$$

191. Il faut démontrer que ce nombre est 1° commun multiple ; 2° *p. p. c. m.*

1° C'est un multiple de

12 puisqu'il renferme les facteurs $2^2 \times 3$ de 12
18 . . . . 2×3^2 de 18
30 . . . . $2 \times 3 \times 5$ de 30
48 . . . . $2^4 \times 3$ de 48
54 . . . . 2×3^3 de 54

2° Il est le *p. p. c. m.*, car s'il n'était pas le plus petit, on pourrait le rendre plus petit par la suppression de l'un de ses facteurs.

Or, si l'on supprime l'un des facteurs,

2, le nombre n'est plus multiple de 48
3, ... 54
5, ... 30

Règle. *Pour trouver le p. p. c. m. de plusieurs nombres, on fait le produit de tous les facteurs communs et non communs de ces nombres, pris avec leur plus fort exposant.*

QUESTIONS RELATIVES A LA DIVISIBILITÉ
ET AUX NOMBRES PREMIERS

1° Trouver tous les diviseurs communs des nombres : 24, 60, 72, 120, 180.

2° Combien y a-t-il de nombres plus petits que un million, qui soient communs multiples de 7, 11 et 13 ?

3° Tout nombre entier a autant de diviseurs plus grands que sa racine qu'il en a de plus petits.

4° Trouvez tous les diviseurs du nombre 1 000 et faites-en la somme ; trouvez l'expression de leur somme et de la somme de leurs carrés.

5° Lorsqu'un nombre est un carré parfait, tous ses facteurs premiers autres que l'unité ont un exposant pair.

6° Si un nombre entier est un carré parfait, il a un nombre impair de diviseurs.

7° Décomposez 360 en deux facteurs entiers.

8° Combien de fois un nombre donné peut-il être le produit de deux facteurs entiers ?

2*

9° La somme de tous les nombres entiers, inférieurs à un nombre premier, est toujours divisible par ce nombre premier.

10° La somme des nombres premiers, inférieurs à un nombre quelconque, est toujours un multiple de ce nombre.

11° Trouvez combien il y a de nombres entiers inférieurs à 1 000, et faites-en la somme.

12° Lorsque les unités de premier ordre d'un nombre, augmentées ou diminuées de deux fois les dizaines du nombre, donnent une somme ou une différence divisible par 4, le nombre est divisible par 4.

13° Si l'on diminue un nombre entier du chiffre de ses unités et du double de celui des dizaines, on obtient un reste divisible par 4.

14° Tout nombre entier diminué du chiffre de ses unités, du double de celui des dizaines et du quadruple de celui des centaines, est divisible par 8.

15° Toute puissance paire de 100, diminuée de 1, est un multiple de 3, 9, 11, 33, 99, 101.

16° Toute puissance de 1000, diminuée de 1, est un multiple de 3, 9, 27, 37, 111, 333, 999.

17° Toute puissance paire de 1000, diminuée d'une unité, donne pour reste un nombre divisible par 7, 11, 13, 77, 91, 143 et 1001.

18° Toute puissance impaire de 1000, augmentée d'une unité, est un multiple des mêmes nombres.

19° Le nombre 1 235 801 567 est-il divisible par 7, 11, 13, 77, 91, 143, 1001 ?

20° Trouver deux nombres qui soient entre eux comme 15 est à 24 et qui aient pour p. g. c. d. 21.

21° La somme de deux nombres est 168; leur p. g. c. d. est 24 : quels sont ces nombres ?

22° Partager 144 en trois parties inégales dont 12 soit le p. g. c. d.

23° Le p. g. c. d. de deux nombres est 5; les quotients des divisions que l'on fait pour l'obtenir sont 1, 3, 2 : quels sont ces nombres ?

24° Deux nombres ont pour produit leur p. g. c. d. par leur p. p. c. m.

25° Prouver qu'un nombre entier quelconque est toujours la somme de plusieurs puissances de 2, si le nombre est pair, et cette même somme $+ 1$, si le nombre est impair.

26° Tous les nombres premiers autres que 2 et 3 égalent $6\,n \pm 1$.

27° Le produit de trois nombres entiers consécutifs est toujours divisible par 6.

28° Déterminer le plus petit des nombres qui ont 120 diviseurs.

29° Tout nombre premier avec 2 est un multiple de 4 augmenté ou diminué de 1.

30° Si les diviseurs d'un nombre N sont écrits dans l'ordre de leur grandeur, le produit de deux diviseurs pris à égale distance des extrêmes est égal à N.

31° Un nombre est divisible par 11 quand la somme de ses tranches de deux chiffres, de droite à gauche, est un multiple de 11.

32° Preuve par 9 de l'addition, — de la soustraction.

33° Quelle est la limite du nombre des divisions à faire pour la recherche du p. g. c. d.?

34° Dans la recherche du plus grand commun diviseur, peut-on, arrivé à un certain point, reconnaître que les nombres donnés sont premiers entre eux?

35° Quelle est la suite des nombres inférieurs à un produit P et non premiers avec P, sachant que les deux facteurs sont premiers absolus? Combien y a-t-il de nombres premiers avec P et plus petits que P?

36° Deux nombres entiers consécutifs sont-ils premiers entre eux?

37° Deux nombres A et B sont premiers entre eux; leur somme et la somme $A^2 + AB + B^2$ sont-elles aussi des nombres premiers entre eux?

38° Deux nombres sont premiers entre eux; leur somme et la somme de leurs carrés sont-elles aussi des nombres premiers entre eux?

39° Deux nombres sont premiers absolus; leur somme et leur différence ont-elles un diviseur commun autre que l'unité?

40° Le carré d'un nombre premier autre que 2 et 3 est un multiple de 24 augmenté d'une unité.

41° On a quatre nombres $a\ b\ c\ d$, tels que a et b sont premiers entre eux, ainsi que c et d. Examiner si $a \times d + b \times c$ est multiple de $b \times d$, et si ces deux valeurs sont des nombres premiers entre eux.

CHAPITRE IV

Fractions.

—

§ I. — PROPRIÉTÉS DES FRACTIONS (*)

192. Théorème. *Une fraction est le quotient de son numé-rateur par son dénominateur.*

Soit la fraction $\frac{7}{19}$; si elle représente le quotient de 7 par 19, $\frac{7}{19}$ multiplié par 19 égale 7 ; or $\frac{7}{19} \times 19$ égale 19 fois $\frac{7}{19}$, égale 19 fois sept dix-neuvièmes, égale 7 fois dix-neuf dix-neuvièmes ou 7 fois 1 ; donc, etc.

Ce théorème est démontré directement au n° 116.

193. Théorème. *Lorsque l'on multiplie ou que l'on divise le numérateur d'une fraction par un nombre, la fraction est multipliée ou divisée par ce nombre.*

1° Soit la fraction $\frac{6}{17}$, dont on multiplie le numérateur par 2 ; je dis que $\frac{12}{17} = 2$ fois $\frac{6}{17}$.

En effet, dans les deux fractions, les parties de l'unité ont la même valeur, et dans $\frac{12}{17}$ on en a deux fois plus ; donc, etc.

2° $\frac{6 : 2}{17}$ est 2 fois moindre que $\frac{6}{17}$.

Démonstration analogue à celle du 1°.

(*) Pour la numération des fractions, voir n° 25.

194. Remarque. Cette propriété et les trois suivantes sont vraies aussi pour les expressions fractionnaires.

195. Théorème. *Quand on multiplie ou que l'on divise le dénominateur par un nombre, la fraction est divisée ou multipliée par ce nombre.*

Démonstration analogue à celle du n° 193.

196. Remarque. Une fraction varie en raison directe de son numérateur, et en raison inverse de son dénominateur, c'est-à-dire qu'elle croît avec son numérateur et décroît quand son dénominateur devient plus grand.

197. Corollaire. *Quand on multiplie ou que l'on divise les deux termes d'une fraction par un même nombre, cette fraction ne change pas de valeur* (n°s 193 et 195).

198. Théorème. *Si l'on ajoute un même nombre aux deux termes d'une fraction proprement dite, la fraction obtenue est plus grande que la fraction proposée.*

Soit la fraction $\frac{3}{5}$, aux deux termes de laquelle on ajoute 2 ; je dis que $\frac{3+2}{5+2} = \frac{5}{7} > \frac{3}{5}$ (le signe $>$ veut dire plus grand que ; $<$ veut dire plus petit que ; $=|=$ signifie n'égale pas, sans désigner de quel côté est la plus grande quantité).

En effet, à $\frac{5}{7}$ il manque $\frac{2}{7}$ pour égaler une unité ; à $\frac{3}{5}$ il manque $\frac{2}{5}$ pour égaler l'unité ; or les septièmes sont plus petits que les cinquièmes ; donc il manque moins à $\frac{5}{7}$ qu'à $\frac{3}{5}$ pour égaler l'unité ; donc, $\frac{5}{7} > \frac{3}{5}$.   C. Q. F. D.

L'unité est la *limite* vers laquelle tend une fraction lorsqu'on ajoute une même quantité à ses deux termes.

On appelle *variable* la fraction qui varie sans cesse de grandeur quand on ajoute une même quantité à ses deux termes.

199. Remarque I. La différence, 2, entre le numérateur et le dénominateur subsistera toujours ; donc, quel que soit le nombre que l'on ajoute aux deux termes de $\frac{3}{5}$, cette fraction ne pourra jamais égaler l'unité.

200. Théorème. *Lorsqu'on ajoute un même nombre aux deux* *termes d'une expression fractionnaire, on obtient une nou-velle expression fractionnaire plus petite que la première.*

Soit l'expression fractionnaire $\frac{5}{3}$, aux deux termes de laquelle on ajoute 2 ; je dis que $\frac{5+2}{3+2} = \frac{7}{5} < \frac{5}{3}$.

En effet, $\frac{7}{5}$ surpasse l'unité d'une quantité égale à $\frac{2}{5}$; $\frac{5}{3}$ surpasse l'unité d'une quantité égale à $\frac{2}{3}$; or $\frac{2}{3}$ sont plus grands que $\frac{2}{5}$; donc, etc.

201; Remarque II. L'expression fractionnaire $\frac{5}{3}$, aux deux termes de laquelle on ajoute un même nombre, diminue sans cesse et se rapproche de l'unité, sans jamais pouvoir l'atteindre, puisque la différence, 2, entre son dénominateur et son numérateur ne varie pas.

L'unité est la *limite* vers laquelle tend l'expression fractionnaire.

L'expression fractionnaire est la *variable* qui tend vers l'unité.

202. Théorème. *Lorsqu'on retranche un même nombre aux deux termes d'une fraction proprement dite, on obtient une fraction plus petite que la fraction proposée.*

Soit la fraction $\frac{5}{7}$, aux deux termes de laquelle on retranche 2 ; on obtient ainsi $\frac{5-2}{7-2} = \frac{3}{5} < \frac{5}{7}$. (Voir n° 198.)

203. Théorème. *Lorsqu'on retranche un même nombre aux deux termes d'une expression fractionnaire, on obtient une nouvelle expression fractionnaire plus grande que la première.*

Soit l'expression fractionnaire $\frac{7}{5}$, aux deux termes de laquelle on retranche 1 ; on obtient $\frac{7-1}{5-1} = \frac{6}{4} > \frac{7}{5}$. (Voir n° 200.)

204. Théorème. *Quand on ajoute terme à terme plusieurs fractions équivalentes, on obtient une fraction équivalente à chacune des fractions données.*

Soient les fractions équivalentes $\frac{2}{3}$, $\frac{4}{6}$, $\frac{8}{12}$, $\frac{10}{15}$; je dis que l'on a :

$$\frac{2+4+8+10}{3+6+12+15}=\frac{2}{3}=\frac{4}{6}=\frac{8}{12}=\frac{10}{15}$$

En effet, $2 = \hphantom{\frac{4}{6} \times 6 =} \frac{2}{3} \times 3$ (n°s 192 et 193)

$$4 = \frac{4}{6} \times 6 = \frac{2}{3} \times 6$$

$$8 = \frac{8}{12} \times 12 = \frac{2}{3} \times 12$$

$$10 = \frac{10}{15} \times 15 = \frac{2}{3} \times 15$$

Additionnant les premiers et les derniers membres de ces quatre égalités, on obtient (n° 73) :

$$2+4+8+10 = \frac{2}{3}\,(3+6+12+15)$$

Si l'on divise chaque membre de cette égalité par $3+6+12+15$, il vient :

$$\frac{2+4+8+10}{3+6+12+15}=\frac{2}{3}\,;$$

mais, $\frac{2}{3}=\frac{4}{6}=\frac{8}{12}=\frac{10}{15}$; donc, etc.

205. Théorème. *Si l'on a plusieurs fractions inégales, et qu'on fasse d'une part la somme de leurs numérateurs, d'autre part la somme de leurs dénominateurs, le résultat est compris entre la plus petite et la plus grande des fractions données.*

Soient les fractions $\frac{2}{3} < \frac{4}{5} < \frac{6}{7} < \frac{9}{10}$; je dis que l'on aura :

$$\frac{2+4+6+9}{3+5+7+10} > \frac{2}{3} \quad \text{et} \quad \frac{2+4+6+9}{3+5+7+10} < \frac{9}{10}$$

1° On a $2 = \hphantom{\frac{4}{5} \times 5 >} \frac{2}{3} \times 3$

$$4 = \frac{4}{5} \times 5 > \hphantom{\frac{4}{5} \times 7 >} \frac{2}{3} \times 5$$

$$6 = \frac{6}{7} \times 7 > \frac{4}{5} \times 7 > \frac{2}{3} \times 7$$

$$9 = \frac{9}{10} \times 10 > \frac{6}{7} \times 10 > \frac{4}{5} \times 10 > \frac{2}{3} \times 10$$

Additionnant les premiers et les derniers membres de ces quatre inégalités, il vient :

$$2 + 4 + 6 + 9 > \frac{2}{3}(3 + 5 + 7 + 10)$$

d'où
$$\frac{2 + 4 + 6 + 9}{3 + 5 + 7 + 10} > \frac{2}{3}$$

2° On a encore
$$9 = \qquad\qquad\qquad\qquad\qquad \frac{9}{10} \times 10$$
$$6 = \frac{6}{7} \times 7 < \qquad\qquad\qquad \frac{9}{10} \times 7$$
$$4 = \frac{4}{5} \times 5 < \frac{6}{7} \times 5 < \qquad \frac{9}{10} \times 5$$
$$2 = \frac{2}{3} \times 3 < \frac{4}{5} \times 3 < \frac{6}{7} \times 3 < \frac{9}{10} \times 3$$

Additionnant les premiers et les derniers membres de ces quatre égalités, on obtient :

$$9 + 6 + 4 + 2 < \frac{9}{10}(10 + 7 + 5 + 3)$$

d'où
$$\frac{9 + 6 + 4 + 2}{10 + 7 + 5 + 3} < \frac{9}{10} \qquad \text{C. Q. F. D.}$$

Remarque. Le théorème précédent n'est qu'un cas particulier de celui-ci.

§ II. — RÉDUCTIONS DES FRACTIONS

206. On appelle *réductions des fractions* des changements que l'on fait subir aux fractions sans en altérer la valeur.

On distingue quatre principales réductions ou transformations des fractions.

PREMIÈRE RÉDUCTION

Convertir des nombres entiers ou fractionnaires en expressions fractionnaires.

Il peut se présenter deux cas.

207. 1ᵉʳ **Cas.** *Le nombre entier n'est pas accompagné d'une fraction.*

Ex. : *Soit à réduire 6 unités en septièmes.*

Puisque une unité vaut 7 septièmes, 6 unités valent 7×6 ou 42 septièmes, qui s'écrivent $\frac{42}{7}$.

208. Règle. *Pour réduire un nombre entier en une fraction dont le dénominateur est donné, on multiplie ce dénominateur par le nombre entier, et l'on prend ce produit pour numérateur.*

209. 2ᵉ Cas. *Le nombre entier est accompagné d'une fraction.*

Ex. : *Soit à réduire en expression fractionnaire le nombre* $6\,\frac{3}{4}$.

On trouve d'abord que 6 unités valent 24 quarts (nᵒ 208); ces 24 quarts, ajoutés aux 3 quarts contenus dans la fraction, donnent $\frac{27}{4}$.

210. Règle. *Pour réduire en une expression fractionnaire un nombre accompagné d'une fraction, on multiplie le dénominateur de la fraction par le nombre ; on ajoute à ce produit le numérateur de la fraction, et l'on prend pour numérateur la somme ainsi obtenue.*

DEUXIÈME RÉDUCTION

EXTRAIRE LES UNITÉS CONTENUES DANS UNE EXPRESSION FRACTIONNAIRE.

211. *Soit à extraire les unités contenues dans* $\frac{72}{7}$.

Chaque unité vaut 7 septièmes; donc, autant de fois 7 est contenu dans le nombre de septièmes de l'expression fractionnaire 72, autant l'expression fractionnaire renferme d'unités. Le quotient de 72 par 7 est 10, le reste est 2; donc $\frac{72}{7} = 10$ unités $+\,\frac{2}{7}$ ou $10\,\frac{2}{7}$.

212. Règle. *Pour extraire les unités contenues dans une expression fractionnaire, on divise le numérateur par le dénominateur ; le quotient indique le nombre d'unités. Le reste, s'il y en a un, est le numérateur d'une fraction qui a pour dénominateur le dénominateur même de l'expression fractionnaire proposée. Cette fraction se joint aux unités obtenues.*

TROISIÈME RÉDUCTION

RÉDUCTION D'UNE FRACTION A SA PLUS SIMPLE EXPRESSION.

213. *Réduire une fraction à sa plus* SIMPLE EXPRESSION, c'est chercher une fraction égale, qui ait les moindres termes possible.

214. *Simplifier une fraction,* c'est la réduire à *une* plus simple expresssion.

215. Une fraction est *irréductible,* lorsqu'on ne peut l'exprimer avec de moindres termes.

216. Théorème. *Lorsqu'une fraction est irréductible, ses deux termes sont premiers entre eux.*

En effet, s'ils n'étaient pas premiers entre eux, ils admettraient encore un diviseur commun autre que l'unité; mais en les divisant l'un et l'autre par ce commun diviseur, on obtiendrait une fraction égale à la fraction proposée, exprimée avec de moindres termes, ce qui suppose, contrairement à l'énoncé, que la fraction n'était pas *irréductible.*

217. Théorème. *Toute fraction équivalente à une fraction irréductible a des termes équimultiples des deux termes de cette fraction.*

Soient les deux fractions égales $\dfrac{3}{4}$ et $\dfrac{15}{20}$.

Si l'on multiplie chacune de ces fractions par le dénominateur de l'autre, il vient :

$$\frac{3 \times 20}{4 \times 20} = \frac{15 \times 4}{20 \times 4} \text{ ou } 3 \times 20 = 15 \times 4.$$

3, qui divise 3×20, doit diviser aussi 15×4; or il est premier avec 4; donc il divise 15; le quotient de cette division est 5, de sorte que l'on peut écrire :

$$15 = 3 \times 5 \qquad\qquad (1)$$

d'où $\qquad\qquad 3 \times 20 = 3 \times 5 \times 4;$

divisant les deux membres de l'égalité par 3, il vient :

$$20 = 5 \times 4; \qquad\qquad (2)$$

que l'on divise maintenant, membre à membre, l'égalité (1) par l'égalité (2), on a :

$$\frac{15}{20} = \frac{3 \times 5}{4 \times 5} \qquad\qquad \text{C. Q. F. D.}$$

218. Corollaire I. *Pour réduire une fraction à sa plus simple expression, il faut et il suffit que l'on rende ses termes premiers entre eux.*

On rend premiers entre eux les termes d'une fraction de deux manières :

1° *En divisant ses deux termes par leur* p. g. c. d. (n° 167).

Ex. : *Soit la fraction* $\dfrac{36}{48}$, *dont les deux termes ont pour* p. g. c. d. 12.

$$\frac{36 : 12}{48 : 12} = \frac{3}{4}.$$

2° *En supprimant successivement les facteurs communs aux deux termes.*

Ex. :
$$\frac{210}{270} = \frac{105}{135} = \frac{35}{45} = \frac{7}{9}.$$

On a supprimé successivement les facteurs communs 2, 3, 5.

219. Corollaire II. *Deux fractions irréductibles égales sont identiques.*

Les termes de l'une ne sauraient être moindres que ceux de l'autre. Donc ils sont identiques.

QUATRIÈME RÉDUCTION

RÉDUIRE DES FRACTIONS AU MÊME DÉNOMINATEUR

220. 1er Cas. *On n'a que deux fractions à réduire au même dénominateur.*

Soient les deux fractions $\dfrac{3}{4}$ *et* $\dfrac{5}{7}$.

Si l'on multiplie les deux termes de la première par le dénominateur de l'autre, on obtient

$$\frac{3 \times 7}{4 \times 7} = \frac{3}{4}.$$

Si l'on multiplie les deux termes de la seconde par le dénominateur 4 de la première, on obtient

$$\frac{5 \times 4}{7 \times 4} = \frac{3}{7};$$

mais alors les deux dénominateurs ont pour facteurs 4 et 7, donc ils sont égaux.

221. Règle. *Pour réduire deux fractions au même dénominateur, on multiplie les deux termes de chacune d'elles par le dénominateur de l'autre.*

222. *2ᵉ* **Cas.** *On a un nombre quelconque de fractions à réduire au même dénominateur.*

Soient les fractions $\frac{3}{4}$, $\frac{5}{7}$, $\frac{8}{11}$ *et* $\frac{2}{9}$.

Si l'on multiplie les deux termes de chaque fraction par le produit des dénominateurs de toutes les autres, les fractions obtenues seront respectivement égales aux fractions proposées (n° 197), et elles auront des dénominateurs égaux, puisqu'ils seront des produits formés des mêmes facteurs (n° 181).

On aura donc :

$$\frac{3}{4} = \frac{3 \times 7 \times 11 \times 9}{4 \times 7 \times 11 \times 9} = \frac{2079}{2772}$$

$$\frac{5}{7} = \frac{5 \times 4 \times 11 \times 9}{7 \times 4 \times 11 \times 9} = \frac{1980}{2772}$$

$$\frac{8}{11} = \frac{8 \times 4 \times 7 \times 9}{11 \times 4 \times 7 \times 9} = \frac{2016}{2772}$$

$$\frac{2}{9} = \frac{2 \times 4 \times 7 \times 11}{9 \times 4 \times 7 \times 11} = \frac{616}{2772}$$

On ne fait qu'une seule fois le produit des dénominateurs.

223. **Règle.** *Pour réduire plusieurs fractions au même dénominateur, on multiplie successivement les numérateurs de chacune par le produit effectué des dénominateurs des autres.*

224. *Le dénominateur commun* à plusieurs fractions est multiple de tous les dénominateurs des fractions proposées.

Si l'on connaissait le *p. p. c. m.* (n° 189) de ces dénominateurs, il pourrait servir de dénominateur commun ; on obtiendrait les numérateurs des nouvelles fractions en multipliant le numérateur de chacune des fractions proposées par le quotient obtenu en divisant le *p. p. c. m.* par les dénominateurs respectifs.

Soient les fractions $\frac{3}{8}$, $\frac{5}{12}$ et $\frac{9}{20}$, dont les dénominateurs ont pour *p. p. c. m.* 120 ; on a

$$120 : 8 = 15 \quad \text{d'où} \quad \frac{3}{8} = \frac{3}{8} \left\{ \times 15 = 45 \right.$$

$$120 : 12 = 10 \quad \text{d'où} \quad \frac{5}{12} = \frac{5}{12} \left\{ \times 10 = 50 \right.$$

$$120 : 20 = 6 \quad \text{d'où} \quad \frac{9}{20} = \frac{9}{20} \left\{ \times 6 = 54 \right. \quad 120$$

§ III. — OPÉRATIONS SUR LES FRACTIONS

—

ADDITION

225. Pour l'addition et la soustraction (n° 41), il faut que les quantités à ajouter ou à retrancher soient de *même dénomination*; puisque dans les fractions le nom des parties exprimées par le numérateur est indiqué par le dénominateur, ces opérations ne peuvent s'effectuer que sur des fractions qui ont *même dénominateur*.

ON DISTINGUE TROIS CAS DANS L'ADDITION DES FRACTIONS.

226. 1er **Cas.** *Les fractions ont le même dénominateur.*

Règle. *On additionne les numérateurs, qui seuls, dans les fractions, sont vraiment des nombres, et l'on donne au résultat le dénominateur commun, qui n'est pas, à proprement parler, un nombre, mais un nom.*

Soient les fractions $\dfrac{4}{10}$, $\dfrac{5}{10}$, $\dfrac{7}{10}$;

leur somme sera $\dfrac{4+5+7}{10} = \dfrac{16}{10}$.

227. 2e **Cas.** *Les fractions n'ont pas le même dénominateur.*

Règle. *On les réduit au même dénominateur, et l'on fait l'addition comme au n° 226.*

228. 3e **Cas.** *Addition des nombres fractionnaires :*

Soient $4\dfrac{3}{15}$, $7\dfrac{5}{12}$, $9\dfrac{11}{14}$ *à additionner.*

On écrira les nombres l'un au-dessous de l'autre comme il suit :

$$4 + \frac{3 \times 28}{15 \times 28} = 54$$
$$7 + \frac{5 \times 35}{12 \times 35} = 175$$
$$9 + \frac{11 \times 30}{14 \times 30} = 330$$
$$+\,1 \qquad\qquad\qquad 420 \text{ dénom. commun.}$$
$$21 + \frac{169}{420} \qquad \frac{589}{420} = 1 + \frac{169}{420}$$

Ayant réduit les fractions au même dénominateur, on fait la somme des numérateurs, on extrait l'entier contenu dans $\frac{589}{420}$, et on l'ajoute aux unités des nombres proposés; le total est $21 + \frac{169}{420}$.

SOUSTRACTION

La soustraction, comme l'addition, ne peut s'effectuer que lorsque les fractions ont même dénominateur (n° 225).

ON DISTINGUE TROIS CAS DANS LA SOUSTRACTION DES FRACTIONS.

229. 1ᵉʳ Cas. *Les fractions ont le même dénominateur.*

Règle. *On retranche le numérateur de l'une du numérateur de l'autre, et l'on donne au résultat le dénominateur commun.*

Soit à retrancher $\frac{3}{7}$ *de* $\frac{5}{7}$; on aura :

$$5 - 3 = 2\,;$$

on a retranché des septièmes, il reste des septièmes; donc $\frac{5}{7} - \frac{3}{7} = \frac{2}{7}$.

230. 2ᵉ Cas. *Les fractions n'ont pas le même dénominateur.*

Règle. *On les réduit au même dénominateur et l'on procède comme il est dit plus haut* (n° 229).

231. 3ᵉ Cas. *Soustraction des nombres fractionnaires ou des entiers accompagnés de fractions.*

1ᵉʳ **Ex.** : *Soit à retrancher* $3\frac{5}{11}$ *de* $6\frac{7}{9}$.

$$
\begin{aligned}
6 + \frac{7}{9} \times \frac{11}{11} &= 77 \\[4pt]
3 + \frac{5}{11} \times \frac{9}{9} &= 45
\end{aligned}\ \Big|\ 99
$$

$$3\ \frac{32}{99} \qquad 32$$

On commence par réduire les fractions au même dénominateur.

Règle. *On retranche, s'il est possible, le numérateur de la fraction inférieure du numérateur de l'autre; puis les entiers du nombre inférieur des entiers de l'autre nombre, et l'on réunit les deux restes.*

Il peut arriver que la fraction du nombre inférieur soit plus grande que celle du nombre supérieur.

2e **Ex.** : *Soit à retrancher* $3\frac{7}{9}$ *de* $6\frac{5}{11}$

$$6 + \frac{5}{11} \Big\} \times 9 = 45 \; ; \; 45 + 99 = 144$$

$$3 + \frac{7}{9} \Big\} \times 11 = \; \ldots \; 77 \Big| 99$$

$$2 \qquad\qquad\qquad \frac{67}{99}$$

Réponse $2\frac{67}{99}$

Règle. *On ajoute au numérateur de la fraction jointe au nombre supérieur un nombre égal au dénominateur. C'est, en réalité, augmenter d'une unité le nombre supérieur; donc il faudra (n° 50,4°), pour compenser cette augmentation, augmenter d'une unité le nombre entier inférieur.*

MULTIPLICATION

232. LA MULTIPLICATION DES FRACTIONS PRÉSENTE PLUSIEURS CAS :
1° *Le multiplicande est une fraction et le multiplicateur un nombre entier;*
2° *Le multiplicande est un nombre entier et le multiplicateur une fraction;*
3° *Le multiplicande et le multiplicateur sont des fractions.*

233. 1er **Cas.** 1er Ex. : *Soit à multiplier* $\frac{3}{4}$ *par* 5.

Multiplier $\frac{3}{4}$ par 5, c'est (n° 60) chercher un nombre qui égale 5 fois $\frac{3}{4}$; pour rendre $\frac{3}{4}$ 5 fois plus grand, il suffit (n° 193) de multiplier le numérateur 3 par 5 et de donner au produit le dénominateur 4.

Ainsi $\qquad \frac{3}{4} \times 5 = \frac{3 \times 5}{4} = \frac{15}{4}$.

2° **Ex.** : *Soit à multiplier* $\dfrac{2}{15}$ *par* 5.

Pour rendre $\dfrac{2}{15}$ 5 fois plus grand, on peut diviser (n° 195) le dénominateur par 5.

Ainsi $$\frac{2}{15} \times 5 = \frac{2}{15 : 5} = \frac{2}{3}.$$

234. Règle. *Pour multiplier une fraction par un nombre entier, on multiplie son numérateur ou on divise son dénominateur par ce nombre entier.*

235. 2° **Cas.** *Soit à multiplier* 7 *par* $\dfrac{3}{5}$.

Multiplier 7 par $\dfrac{3}{5}$, c'est chercher un nombre qui égale 3 fois la cinquième partie de 7 (n° 60,3°). Or la cinquième partie de 7 égale $\dfrac{7}{5}$, et trois fois cette cinquième partie égale (n° 233)

$$\frac{7 \times 3}{5} = \frac{21}{5}.$$

236. Règle. *Pour multiplier un nombre entier par une fraction, on multiplie le nombre entier par le numérateur et l'on donne au produit le dénominateur de la fraction.*

Si le dénominateur était multiple du nombre entier, on pourrait encore diviser ce dénominateur par le nombre entier.

Ce 2° cas est identique au 1er, puisque l'on peut intervertir l'ordre des facteurs d'un produit.

237. 3° **Cas.** *Soit à multiplier* $\dfrac{5}{9}$ *par* $\dfrac{4}{7}$.

Multiplier $\dfrac{5}{9}$ par $\dfrac{4}{7}$, c'est chercher un produit qui soit 4 fois la septième partie de $\dfrac{5}{9}$ (n° 60,3°). Or la 7ᵉ partie de $\dfrac{5}{9}$ égale $\dfrac{5}{9 \times 7}$ (n°195), et 4 fois cette 7ᵉ partie égale $\dfrac{5 \times 4}{9 \times 7}$ (n° 193).

238. Règle. *Pour multiplier une fraction par une fraction, on fait le produit des numérateurs auquel on donne pour dénominateur le produit des dénominateurs proposés.*

Remarque I. *Il est évident que l'on a encore :*

$$\frac{12}{15} \times \frac{5}{6} = \frac{12 : 6}{15 : 5} = \frac{2}{3}$$

239. Remarque II. *Si l'on avait plus de deux fractions dont on voulût faire le produit, il est évident qu'on devrait encore diviser le produit des numérateurs des fractions par le produit de leurs dénominateurs.*

Ainsi
$$\frac{3}{4} \times \frac{5}{6} \times \frac{7}{8} \times \frac{9}{10} = \frac{3 \times 5 \times 7 \times 9}{4 \times 6 \times 8 \times 10}.$$

Car on doit d'abord prendre les $\frac{5}{6}$ de $\frac{3}{4}$, puis les $\frac{7}{8}$ de ces $\frac{5}{6}$, puis les $\frac{9}{10}$ de ces $\frac{7}{8}$.

240. Remarque III. *On appelle fraction de fraction une ou plusieurs parties égales d'une fraction.*

Ainsi les $\frac{5}{6}$ de $\frac{3}{4}$ sont une fraction de fraction; les $\frac{7}{8}$ des $\frac{5}{6}$ de $\frac{3}{4}$ sont encore une fraction de fraction, ainsi que les $\frac{9}{10}$ des $\frac{7}{8}$ des $\frac{5}{6}$ de $\frac{3}{4}$.

241. Remarque IV. *Si l'on avait à multiplier des nombres renfermant des unités accompagnées de fractions, on réduirait ces nombres en expressions fractionnaires, et la multiplication se ferait comme pour les fractions* (n° 238).

Ainsi, soit à multiplier $3\frac{2}{5}$ par $4\frac{6}{7}$.

$$3\frac{2}{5} = \frac{17}{5} \quad \text{et} \quad 4\frac{6}{7} = \frac{34}{7};$$
$$3\frac{2}{5} \times 4\frac{6}{7} = \frac{17}{5} \times \frac{34}{7} = \frac{17 \times 34}{5 \times 7}.$$

242. *On pourrait faire la multiplication sans réduire les nombres en expressions fractionnaires.*

Soit encore à multiplier $3+\frac{2}{5}$ par $4+\frac{6}{7}$; on a (n° 75)
$$\left(3+\frac{2}{5}\right)\left(4+\frac{6}{7}\right) = \left(3 \times 4\right) + \left(\frac{2}{5} \times 4\right) + \left(3 \times \frac{6}{7}\right) + \left(\frac{2}{5} \times \frac{6}{7}\right)$$

On effectue séparément ces quatre produits et l'on en fait la somme.

243. Remarque V. *On peut avoir à multiplier une fraction ordinaire par une fraction décimale, et vice versâ. Dans ce cas, on réduit la fraction décimale en fraction ordinaire.*

Ainsi, soit à multiplier $\frac{3}{5}$ par 0,0347; on a :

$$\frac{3}{5} \times 0,0347 = \frac{3}{5} \times \frac{347}{10000}$$

244. Remarque VI. *Dans le 1er* CAS *de la multiplication, le produit est plus grand que le multiplicande et plus petit que le multiplicateur.*

Dans le 2e CAS*, le produit est plus petit que le multiplicande et plus grand que le multiplicateur.*

Dans le 3e CAS*, le produit est plus petit que chacun des deux facteurs.*

Cette remarque ne serait plus vraie si l'on opérait sur des expressions fractionnaires.

DIVISION

245. LA DIVISION DES FRACTIONS PRÉSENTE TROIS CAS :

1er **Cas.** *Diviser une fraction par un nombre entier;*

2e **Cas.** *Diviser un nombre entier par une fraction;*

3e **Cas.** *Diviser une fraction par une fraction.*

246. 1er Cas. *Soit à diviser $\frac{8}{11}$ par 4.*

Diviser $\frac{8}{11}$ par 4, c'est chercher un quotient qui, multiplié par 4, donne $\frac{8}{11}$; donc, 4 fois le quotient égale $\frac{8}{11}$; 1 fois le quotient égale $\frac{8}{11 \times 4}$ (n° 195), ou $\frac{8 : 4}{11}$ (n° 193).

246 bis. Règle. *Pour diviser une fraction par un nombre entier, on multiplie le dénominateur ou l'on divise le numérateur par ce nombre.*

247. 2e Cas. *Soit à diviser 6 par $\frac{4}{7}$.*

Diviser 6 par $\frac{4}{7}$, c'est chercher (n° 85, 1°) un quotient qui, multiplié par $\frac{4}{7}$, donne 6 pour produit; par suite, les $\frac{4}{7}$ du quotient égalent 6; 1 septième de ce quotient vaut 4 fois moins ou $\frac{6}{4}$; et les $\frac{7}{7}$ du quotient seront $\frac{6 \times 7}{4} = \frac{42}{4} = \frac{21}{2} = 10\frac{1}{2}$.

248. Règle. *Pour diviser un nombre entier par une fraction, on multiplie le nombre entier par la fraction diviseur renversée.*

249. 3e Cas. *Soit à diviser* $\frac{7}{19}$ *par* $\frac{3}{4}$.

Diviser $\frac{7}{19}$ par $\frac{3}{4}$, c'est chercher un quotient qui, multiplié par $\frac{3}{4}$, donne $\frac{7}{19}$. Donc, les $\frac{3}{4}$ du quotient égalent $\frac{7}{19}$; un quart vaut 3 fois moins, ou $\frac{7}{19 \times 3}$; et les $\frac{4}{4}$ du quotient valent 4 fois plus, ou $\frac{7 \times 4}{19 \times 3}$.

250. Règle. *Pour diviser une fraction par une autre fraction, on multiplie la fraction dividende par la fraction diviseur renversée.*

251. Remarque I. *Quand les termes de la fraction dividende sont divisibles par leurs correspondants de la fraction diviseur, on fait le quotient des fractions en divisant le quotient des numérateurs par celui des dénominateurs.*

Ainsi $\frac{12}{15} : \frac{3}{5} = \frac{12 \times 5}{15 \times 3}$;

mais $\frac{12 \times 5}{15 \times 3} = \frac{(12 \times 5) : 3}{15} = \frac{(12 : 3)}{15}5 = \frac{12 : 3}{15 : 5}$.

252. Remarque II. *Le quotient est plus grand que le dividende lorsque le diviseur est une fraction proprement dite.*

253. Remarque III. *Lorsque l'on doit opérer sur des nombres fractionnaires, on les réduit préalablement en expressions fractionnaires.*

254. Remarque IV. *Lorsque l'on doit opérer sur des fractions décimales et sur des fractions ordinaires, on réduit préalablement les fractions décimales en fractions ordinaires.*

§ IV. — CONVERSION DES FRACTIONS ORDINAIRES

EN DÉCIMALES, ET RÉCIPROQUEMENT

255. *Convertir une fraction ordinaire en fraction décimale,* c'est chercher une fraction décimale équivalente à la fraction proposée.

256. Puisque toute fraction ordinaire représente le quotient de son numérateur par son dénominateur (n° 192), pour avoir la fraction décimale équivalente, il suffit de diviser par le dénominateur le numérateur converti successivement en dixièmes, en centièmes, etc. On trouve ainsi une valeur *exacte* ou une valeur *approchée,* comme on le verra plus loin.

257. Théorème. *Pour qu'une fraction ordinaire* IRRÉDUCTIBLE *puisse se transformer exactement en décimales, il faut et il suffit que son dénominateur ne contienne pas d'autres facteurs que 2 et 5.*

1° Cette condition est nécessaire.

Pour réduire la fraction ordinaire en décimales, on multiplie le numérateur successivement par les puissances de 10 ou de 2×5; par suite on n'introduit au numérateur que les facteurs 2 et 5; donc les facteurs du dénominateur autres que 2 et 5 ne se trouveront jamais dans le numérateur.

Soit l'exemple $\dfrac{7}{15} = \dfrac{7}{3 \times 5}$; en écrivant des zéros à la droite de 7 on n'introduit pas le facteur 3 au numérateur; donc le numérateur ne sera jamais divisible par le dénominateur.

2° Cette condition suffit.

Si l'on a, par exemple, la fraction $\dfrac{13}{40}$ dont le dénominateur égale $2^3 \times 5$, on pourra l'écrire sous cette forme $\dfrac{13}{40} = \dfrac{13}{2^3 \times 5}$. Pour convertir cette fraction en décimales, on multipliera le numérateur par $2^3 \times 5^3$, et alors seulement on aura introduit au numérateur de la fraction tous les facteurs du dénominateur, car

$$\frac{13 \times 10^3}{2^3 \times 5} = \frac{13 \times 2^3 \times 5^3}{2^3 \times 5}, \text{ ce qui revient à } \frac{13 \times 5^3}{5} = 13 \times 5^2 = 325.$$

Et comme l'on a multiplié le dividende 13 par 1000, il faut diviser le quotient par 1000, et l'on a

$$\frac{13}{40} = 0,325.$$

258. Remarque. *La puissance de 10 par laquelle il faut multiplier le numérateur pour introduire dans ce terme tous les facteurs du dénominateur est précisément égale au plus fort exposant de 2 ou de 5 dans ce dernier nombre; cet exposant indique donc le nombre de chiffres que doit avoir la fraction décimale.*

§ IV. — FRACTIONS PÉRIODIQUES

259. On appelle *fractions périodiques* des fractions décimales dans lesquelles les mêmes chiffres reparaissent constamment dans le même ordre.

260. On appelle *période* la série des chiffres qui se reproduisent ainsi constamment.

261. On appelle *fraction périodique simple* celle dans laquelle la première période commence au chiffre des dixièmes. *Ex. :*

$$0,356\,356\,356\ldots$$

262. On appelle *fraction périodique mixte* celle dans laquelle la période ne commence pas au chiffre des dixièmes. *Ex. :*

$$0,37\,356\,356\,356\ldots$$

263. On appelle *génératrice* d'une fraction périodique la fraction ordinaire qui lui a donné naissance.

264. Théorème. *Lorsque le dénominateur d'une fraction* IRRÉDUCTIBLE *renferme des facteurs premiers autres que 2 et 5, cette fraction donne lieu à une fraction périodique.*

En effet, puisqu'on ne peut pas obtenir un quotient exact (n° 257, 1°), la division se poursuivra indéfiniment; mais le nombre de restes différents que l'on peut obtenir est inférieur d'au moins une unité au dénominateur; donc après un nombre d'opérations toujours inférieur au dénominateur, on trouvera un dividende partiel identique avec l'un des dividendes partiels déjà obtenus; donc on trouvera à partir de là une série de chiffres semblables à ceux de la série qui commence au dividende partiel, identique avec celui que l'on a retrouvé.

1er **Ex.** : *Soit* $\dfrac{3}{7}$.

$$\begin{array}{r|l} 30 & 7 \\ 20 & \overline{0,428571} \\ 60 & \\ 40 & \\ 50 & \\ 10 & \\ 3 & \end{array}$$

On obtient successivement les six chiffres 4, 2, 8, 5, 7, 1, correspondant aux dividendes 30, 20, 60, 40, 50, 10, puis on recommence une série semblable puisque le reste est 3, nombre identique au numérateur.

Dans l'exemple proposé, $\dfrac{3}{7}$, le dénominateur ne renferme aucun des facteurs 2 ou 5.

2e **Ex.** : *Soit maintenant* $\dfrac{17}{75} = \dfrac{17}{3 \times 5^2}$.

$$\begin{array}{r|l} 170 & 75 \\ 200 & \overline{0,2266} \\ 500 & \\ 500 & \\ 50 & \end{array}$$

On obtient une fraction périodique mixte, dont la période commence au chiffre des millièmes. Ainsi, il a fallu introduire dans le numérateur tous les facteurs 5 du dénominateur avant d'arriver à un dividende partiel qui donnât lieu à la formation de la période.

265. Remarque. La fraction génératrice $\dfrac{3}{7}$, par exemple, d'une fraction périodique est la *limite* vers laquelle tend cette dernière. Plus est grand le nombre des périodes que l'on prend, plus on approche de la *limite* sans que jamais on puisse l'atteindre.

266. Problème. *Trouver la fraction génératrice d'une fraction périodique simple.*

Soit la fraction 0,375 375 375...

Si l'on représente par F la fraction génératrice, on a :

$$F = 0,375\,375\,375\ldots ; \qquad (1)$$

multipliant chaque membre de l'égalité par une puissance de 10 suffisante pour avoir une période avant la virgule ; il vient :

$$1000\,F = 375,375\,375\ldots \qquad (2)$$

Retranchant l'égalité (1) de l'égalité (2), on obtient :

$$999\,F = 375 - 0,000\,000\,375\ldots$$

d'où

$$F = \dfrac{375}{999} - \dfrac{375}{999 \times 1\,000\,000\,000}.$$

Mais si, au lieu de prendre trois périodes seulement, on en avait pris un nombre indéfini, le diviseur 999×1000^n serait devenu lui-même indéfini et la quantité $\dfrac{375}{999 \times 1000^n}$ serait plus petite que toute quantité donnée ; de sorte qu'elle pourrait être négligée.

Donc on peut écrire simplement $\dfrac{375}{999}$.

267. Règle. *La fraction génératrice d'une fraction périodique simple est une fraction ordinaire dont le numérateur est le nombre formé par une période, et le dénominateur un nombre formé d'autant de 9 qu'il y a de chiffres dans cette période.*

268. Théorème. *Le nombre des chiffres d'une fraction périodique simple est tout au plus égal au dénominateur de la fraction ordinaire irréductible qui l'a produite diminué de 1.*

En effet, on peut obtenir autant de restes différents qu'il y a d'unités moins une dans le dénominateur ; mais on ne peut en obtenir davantage. Donc, etc.

Il est à peine besoin de faire remarquer que l'on a rarement autant de chiffres dans la période qu'il y a d'unités moins une dans le dénominateur.

269. Théorème. *Lorsqu'une fraction irréductible donne lieu à une fraction périodique simple, son dénominateur ne contient ni le facteur 2 ni le facteur 5.*

En effet, soit la fraction périodique simple : $0,375\,375\ldots$;

Représentons par $\dfrac{n}{d}$ la fraction ordinaire qui a donné lieu à cette période ; on a :

$$\frac{n}{d} = \frac{375}{999} \, ;$$

mais les termes de la fraction $\dfrac{375}{999}$ sont équimultiples (n° 217) de ceux de la fraction $\dfrac{n}{d}$; donc, puisque 999 est premier avec 2 et 5, il en est de même de d ; donc d ne renferme ni le facteur 2 ni le facteur 5.   C. Q. F. D.

270. Problème. *Trouver la fraction génératrice d'une fraction périodique mixte.*

Soit la fraction $0,32\,745\,745\ldots$

Appelant F la fraction génératrice, on a :

$$F = 0,32\,745\,745\ldots \qquad\qquad (1)$$

Si l'on multiplie les deux membres de cette égalité par $100\,000$ ou 10^5, nombre nécessaire pour faire passer une période à gauche de la virgule, puis seulement par 10^2 pour faire passer à gauche de la virgule la partie 32 non périodique, on obtient

$$100\,000\,F = 32\,745{,}745\ldots \tag{2}$$

et
$$100\,F = 32{,}745\,745\ldots \tag{3}$$

Retranchant l'égalité (3) de l'égalité (2), on a :

$$99\,900\,F = 32\,745{,}745 - 32{,}745\,745 = 32\,745 - 32 - 0{,}000\,745.$$

d'où
$$F = \frac{32\,745 - 32}{99\,900} - \frac{745}{99\,900 \times 1\,000^2} ;$$

Mais la fraction $\dfrac{745}{99\,900 \times 1\,000^2}$ pourrait devenir nulle (n° 266) ;

donc
$$F = \frac{32\,745 - 32}{99\,900} = \frac{32\,713}{99\,900}.$$

271. Règle. *La fraction génératrice d'une fraction périodique mixte est une fraction dont le numérateur est la différence des nombres obtenus en plaçant la virgule à droite et à gauche de la première période, et dont le dénominateur est formé d'autant de 9 qu'il y a de chiffres dans la période, suivis d'autant de zéros qu'il y a de chiffres dans la partie non périodique.*

272. Remarque. Le dénominateur de la génératrice d'une fraction périodique mixte est toujours terminé au moins par un zéro ; donc il contient les facteurs 2 et 5 au moins à la première puissance. Or le numérateur ne saurait être terminé par un zéro, car il faudrait pour cela que le dernier chiffre de la partie non périodique fût égal au dernier de la période, ce qui est impossible. Que l'on remplace, en effet, dans l'exemple précédent 5 par 2, on aura $0{,}32742742\ldots$ alors la période commence au second chiffre ; elle sera 274 ;

Donc le numérateur, avant la réduction de la fraction en décimales, ne peut contenir que l'un des facteurs 2 ou 5.

273. Théorème. *Lorsqu'une fraction* IRRÉDUCTIBLE *donne lieu à une fraction périodique mixte, le dénominateur renferme au moins l'un des facteurs 2 ou 5 avec un exposant égal au nombre des chiffres de la période.*

Soit la fraction périodique mixte 0,32 745 745...

Représentons par $\frac{n}{d}$ la génératrice réduite à sa plus simple expression ; on a :

$$\frac{n}{d} = \frac{32\,745 - 32}{99\,900}.$$

Or, le numérateur 32 745 — 32 ne peut contenir (n° 272) que l'un des facteurs 2 ou 5 ; le dénominateur 99 900 les contient nécessairement à une puissance marquée par le nombre de zéros qui sont à la droite des 9, ou, ce qui revient au même, au nombre des chiffres de la partie non périodique ; donc, après la réduction à la plus simple expression, le dénominateur de cette fraction, devenue $\frac{n}{d}$, contiendra encore l'un des facteurs 2 ou 5 à une puissance égale au nombre des chiffres de la partie périodique.

L'autre facteur s'y trouvera à une puissance marquée par le nombre de ces chiffres moins 1.

———

QUESTIONS RELATIVES AUX FRACTIONS

1° Soit une fraction équivalente à $\frac{1}{2}$, dont le numérateur soit pair : quel nombre égal faut-il retrancher des deux termes pour la rendre égale à $\frac{1}{3}$?

2° Une fraction est devenue 10 fois plus petite ; or on a multiplié le numérateur par 2 : par combien a-t-on divisé le dénominateur ?

3° Par quel nombre faut-il multiplier une fraction quelconque pour la rendre égale à l'unité ?

4° Soit une fraction équivalente à $\frac{1}{9}$: que faut-il ajouter aux deux termes pour la rendre égale à $\frac{1}{5}$?

5° Par quels nombres est multipliée successivement la fraction dans les transformations précédentes (4) et par combien est-elle multipliée définitivement ?

6° Un dessin étant reproduit au $\frac{1}{100}$ de sa grandeur naturelle, quelle relation existe-t-il entre la longueur de la copie et celle de l'original ?

7° On veut multiplier par 20 la fraction $\frac{1}{8}$; on ajoute d'abord 4 au numérateur : quelle opération doit-on effectuer sur le dénominateur?

8° Soient deux fractions dont l'une est double de l'autre; si on les additionne terme à terme, que sera la fraction résultante par rapport à la première?

9° Que devient une fraction lorsqu'on ajoute à lui-même chacun des termes de cette fraction ?

10° Quel changement éprouve une fraction lorsque l'on supprime son dénominateur? lorsqu'on supprime le numérateur? lorsqu'on remplace le dénominateur par 1, par 0? lorsqu'on remplace le numérateur par 1, par 0?

11° Réduire $\frac{12}{15}$ en 25^{ièmes}, en 24^{ièmes}.

12° Deux fractions irréductibles peuvent-elles avoir pour somme un nombre entier ?

13° Trois fractions irréductibles peuvent-elles avoir pour somme un nombre entier ?

14° Trouver la génératrice de la fraction 0,0032575757....
—   —   —   de l'expression 32,00575757....

15° Démontrez que $\frac{40}{7} - \frac{7}{40}$ ni $\frac{40}{7} + \frac{7}{40}$ ne peuvent être des nombres entiers.

16° Par quel nombre faut-il multiplier 143 pour l'augmenter de $\frac{3}{13}$ de sa valeur ?

17° Y a-t-il une différence entre les $\frac{5}{6}$ de $\frac{8}{11}$ et $\frac{8}{11}$ de $\frac{5}{6}$?

18° Multiplier $\frac{\frac{2}{3}}{\frac{4}{5}}$ par $\frac{\frac{7}{8}}{\frac{9}{10}}$

19° Ramener à une forme plus simple la fraction $\dfrac{\frac{4}{3}}{5}$

20° Quelle est la limite de la fraction périodique 0,173173173?

21° Une fraction périodique ne saurait jamais être une suite de 9.

22° Comment fait-on la preuve de l'addition des fractions ?

23° Multiplier 375 par $\frac{15}{16}$ (méthode des parties aliquotes).

24° Multiplier 375 $\frac{3}{4}$ par $\frac{7}{8}$.

25° Multiplier 4578 $\frac{15}{16}$ par 35 $\frac{31}{36}$.

CHAPITRE V

---

§ I. — CARRÉS ET RACINE CARRÉE

274. Le *carré* d'un nombre est le produit de deux facteurs égaux à ce nombre; ainsi 36 est le carré de 6.

La *racine carrée* d'un nombre est un autre nombre qui, pris deux fois comme facteur, reproduit le nombre proposé; ainsi 6 est la racine carrée de 36.

On indique la racine au moyen de ce signe $\sqrt{\ \ \ }$, appelé *radical*; ainsi $\sqrt{36}$, signifie racine carrée de 36.

275. Théorème. *Le carré de la somme de deux nombres se compose du carré du premier, du double produit du premier par le second et du carré du second.*

Ex.: $(12+5)^2 = (12+5)(12+5)$; donc (n° 75), $(12+5)^2 = (12 \times 12) + (5 \times 12) + (5 \times 12) + (5 \times 5) = 12^2 + 2(12 \times 5) + 5^2$.

276. Corollaire. *Si un nombre se compose de dizaines et d'unités, son carré se composera du carré des dizaines, du double produit des dizaines par les unités, plus du carré des unités.*

Soit à chercher le carré de 25.

$(25)^2 = (20+5)^2 = 20^2 + 2(20 \times 5) + 5^2$; ou, en général, si l'on appelle d les dizaines et u les unités d'un nombre N, on a :

$$(N)^2 = (d+u)^2 = d^2 + 2\,du + u^2.$$

277. Théorème. *La différence des carrés de deux nombres consécutifs est égale à 2 fois le plus petit nombre plus l'unité.*

En effet, $(18+1)^2 - (18)^2 = [18^2 + 2(18 \times 1) + 1^2] - 18^2 = (2 \times 18) + 1$.

278. Théorème. *La racine carrée d'un produit est égale au produit des racines carrées des facteurs.*

En effet, soit $30 = 2 \times 3 \times 5$; on a évidemment $30^2 = (2 \times 3 \times 5)^2 = 2 \times 2 \times 3 \times 3 \times 5 \times 5 = 2^2 \times 3^2 \times 5^2$;

donc $\sqrt{2^2 \times 3^2 \times 5^2} = \sqrt{30^2}$; mais $\sqrt{30^2} = 30$; donc $\sqrt{2^2 \times 3^2 \times 5^2} = 2 \times 3 \times 5$.   C. Q. F. D.

279. Corollaire I. *Lorsque les racines carrées des facteurs d'un produit sont entières, la racine du produit est entière, et réciproquement.*

280. Corollaire II. *La racine carrée d'un nombre est le produit de ses facteurs premiers pris avec leur exposant divisé par 2.*

281. Théorème. *Lorsqu'un nombre est terminé par des zéros, il ne peut être un carré parfait qu'autant que le nombre des zéros est pair.*

Car les nombres terminés par zéro ont seuls leur carré terminé par zéro; or le carré d'un nombre terminé par des zéros est terminé par un nombre de zéros double de celui de la racine; donc, etc.

Ex. : $3480^2 = (348 \times 10)^2 = 348^2 \times 10^2$;

$$457000 = (457 \times 1000)^2 = 457^2 \times 1000^2; \quad \text{donc, etc.}$$

282. Théorème. *Pour qu'un nombre terminé par 5 soit un carré parfait, il faut qu'il soit terminé par 25.*

En effet, les carrés terminés par 5 ont leur racine terminée par 5; représentons par d les dizaines de la racine; on aura :

$$N^2 = (d + 5)^2 = d^2 + 10d + 25;$$

Or les deux premières parties de ce produit ne contiennent que des centaines; donc les deux derniers chiffres sont 2 et 5.   C. Q. F. D.

283. Théorème. *Un nombre terminé par 2, 3, 7 et 8 ne saurait être un carré parfait.*

En effet, les carrés sont terminés comme le carré du chiffre de leurs unités; or les carrés des neuf chiffres significatifs sont :

$$1, \ 4, \ 9, \ 16, \ 25, \ 36, \ 49, \ 64, \ 81;$$

Ces nombres sont terminés par 1, 4, 9, 6, 5; donc tous les carrés parfaits sont terminés par 1, 4, 9, 6, 5, ou par 0 (n° 281).

284. Théorème. *Le nombre des chiffres de la racine carrée est égal au nombre de tranches de deux chiffres, que l'on peut former à partir de la droite dans le nombre dont on extrait la racine.*

En effet, le plus grand carré d'un nombre d'un chiffre $= 9^2 = (10 - 1)^2 < 10^2$; donc le plus grand carré d'un nombre d'un chiffre n'atteint pas les centaines.

Le plus grand carré d'un nombre de deux chiffres $= 99^2 = (100 - 1)^2 < 100^2$; donc ce plus grand carré a moins de cinq chiffres.

Et ainsi de suite.

Donc la racine carrée d'un nombre d'un ou deux chiffres a un chiffre; la racine carrée d'un nombre de trois ou quatre chiffres en a deux.

Donc, etc.

EXTRACTION DE LA RACINE CARRÉE D'UN NOMBRE ENTIER

285. Extraire, *à une unité près*, la racine carrée d'un nombre, c'est chercher la racine carrée du plus grand carré entier contenu dans ce nombre.

286. 1ᵉʳ **Cas.** *Le nombre est moindre que* 100.

Soit à extraire la racine carrée de 53.

Nombres.   1. 2. 3. 4. 5. 6. 7. 8. 9. 10.
Carrés.   1. 4. 9. 16. 25. 36. 49. 64. 81. 100.

L'inspection du tableau ci-dessus nous montre que 53, étant compris entre 49 et 64, sa racine sera comprise entre 7 et 8; ces deux nombres seront tous deux la racine carrée de 53 *à une unité près*, le premier *par défaut* et le second *par excès*. Il n'y a néanmoins que le premier, 7, qui réponde à la définition donnée (n° 285).

287. 2ᵉ **Cas.** *Le nombre est compris entre* 100 *et* 10 000.

Soit à extraire la racine carrée de 7 358.

Ce nombre étant compris entre 100 et 10 000, sa racine carrée sera comprise entre 10 et 100; elle se composera donc de dizaines et d'unités. Or, le carré des dizaines est un nombre exact de centaines qui ne peut se trouver que dans les 73 centaines du nombre; je dis que la racine *à une unité près* de ce nombre de centaines, est le chiffre des dizaines de la racine cherchée.

On a : $8^2 \leqq 73 < 9^2$ (lisez $\leqq$: plus petit que ou égal à).

Les deux derniers nombres sont toujours différents au moins d'une unité ; multipliant par 100 :

$$8^2 \times 10^2 \leqq 7300 < 9^2 \times 10^2.$$

Les deux derniers nombres diffèrent au moins d'une centaine ; on peut ajouter 58 unités au plus petit nombre sans détruire la seconde inégalité. Par suite :

$$8^2 \times 10^2 < 7358 < 9^2 \times 10^2 ;\ \text{d'où } 8 \times 10 < \sqrt{7358} < 9 \times 10.$$

La racine de 7358 est donc comprise entre 8 dizaines et 9 dizaines ; donc 8 est le vrai chiffre des dizaines de la racine.

C. Q. F. D.

Le carré d'un nombre qui contient des dizaines et des unités se compose du carré des dizaines, du double produit des dizaines par les unités, plus du carré des unités, c'est-à-dire de $d^2 + 2\,du + u^2$; si on retranche de ce carré d^2 ou 64, le reste 958 contiendra encore le double produit des dizaines par les unités, plus le carré des unités, c'est-à-dire $2du + u^2$ ou $u(2d + u)$ plus un reste de l'opération s'il y en a un. Par conséquent, en divisant 958 par le double des dizaines seulement, on trouvera le chiffre des unités ou un chiffre trop grand, car en diminuant le diviseur $(2d + u)$, on s'expose à augmenter le quotient ; or, le double produit des dizaines par les unités, fournit des dizaines ; en divisant 95 dizaines du reste par $2 \times 8 = 16$, on trouve 5 pour quotient ; on essaie ce chiffre en formant les deux parties $2du + u^2$; si cette somme peut être retranchée de 958, 5 est le vrai chiffre des unités.

<table>
<tr><td rowspan="5">Disposition de l'opération :</td><td>73.58</td><td>85</td></tr>
<tr><td>64</td><td>165</td></tr>
<tr><td>95.8</td><td>5</td></tr>
<tr><td>82 5</td><td>825</td></tr>
<tr><td>13 3</td><td></td></tr>
</table>

288. **3e Cas.** *Le nombre est supérieur à* 10 000.

Soit à extraire la racine carrée de 453 458.

Ce nombre étant plus grand que 100, sa racine sera supérieure à 10, et contiendra des dizaines et des unités ; le carré des dizaines ne peut se trouver que dans les 4534 centaines. Je dis que la racine carrée à une unité près de ce nombre sera le nombre des dizaines de la racine. En raisonnant comme dans l'exemple précédent, on a successivement :

$$(67)^2 \leq 4534 < (68)^2$$
$$(67)^2 \times (10)^2 \leq 4534 \times 100 < (68)^2 \times (10)^2$$
$$(67)^2 \times (10)^2 < 453458 < (68)^2 \times (10)^2$$
$$67 \times 10 < \sqrt{453458} < 68 \times 10.$$

Donc, la racine étant comprise entre 67 dizaines et 68 dizaines, 67 sera le nombre exact des dizaines de la racine.

Considérant 67 comme nous avons considéré le chiffre 8 des dizaines de l'exemple précédent, en faisant un raisonnement analogue, nous trouverons le chiffre 3 des unités de la racine.

Disposition de l'opération :

45.34.58	673	
93.4	127	1343
455.8	7	3
52 9	889	4029

Dans la pratique, on peut même se dispenser d'écrire les produits 889, 4029.

De tout ce qui précède, on peut conclure la règle générale suivante :

289. Règle. *Pour extraire la racine d'un nombre à une unité près : 1° on partage ce nombre en tranches de 2 chiffres, à partir des unités ; la dernière peut n'avoir qu'un chiffre ; 2° on extrait la racine du plus grand carré entier contenu dans cette dernière tranche à gauche, et on a le premier chiffre de la racine ; on soustrait de cette dernière tranche le carré de la racine, et à côté du reste on écrit la deuxième tranche dont on sépare le chiffre de droite ; 3° on divise la partie à gauche par le double de la racine trouvée ; le quotient est le second chiffre de la racine ou un chiffre trop grand ; on l'essaye en l'écrivant à la droite du double de la racine trouvée, et en multipliant le nombre ainsi formé par le chiffre essayé ; si ce produit peut se retrancher du nombre formé par le premier reste suivi de la deuxième tranche, le chiffre est exact ; sinon, on le diminue successivement d'une unité jusqu'à ce qu'on arrive à une soustraction possible ; 4° à côté du deuxième reste, on abaisse la troisième tranche ; on sépare comme précédemment le dernier chiffre à droite, et on divise la partie à gauche par le double de la racine trouvée. On continue de la* *même manière jusqu'à ce qu'on ait écrit, à droite des restes successifs, toutes les tranches, dont le nombre est le même que celui des chiffres de la racine. Si le reste est nul, la racine est exacte; sinon, elle est approchée à une unité.*

290. Remarque. Si, en opérant, on essayait un chiffre trop faible, on en serait averti par le reste correspondant, qui serait alors supérieur au double de la racine trouvée (n° 292).

291. Théorème. *La racine carrée, à une unité près, d'un nombre qui n'est pas entier, est la même que celle de sa partie entière.*

Soit 73, 49; je dis que sa racine, à une unité près, est la même que celle de 73.

On a, en effet: $8 \leq \sqrt{73} < 9$, ou bien $8^2 \leq 73 < 9^2$; les deux derniers nombres diffèrent entre eux au moins d'une unité; on peut ajouter 0,49 au plus petit sans détruire l'inégalité :

$8^2 < 73,49 < 9^2$, et par suite, $8 < \sqrt{73,49} < 9$.   C. Q. F. D.

292. Théorème. *Le reste de l'opération ne peut dépasser le double de la racine.*

En effet, soit N le nombre, A la racine et R le reste; on a :

$$N = A^2 + R ;$$

mais si $R = 2A + 1$, il vient :

$$N = A^2 + 2A + 1 = (A + 1)^2 ;$$

dont la racine serait $A + 1$, ce qui est contraire à l'hypothèse.

293. Théorème. *Lorsque le reste est plus grand que la racine, elle est approchée à une demi-unité, par excès ; lorsque le reste est inférieur ou égal à la racine, elle est approchée à une demi-unité, par défaut.*

En effet, on a : $N = A^2 + R ;$ (1)

et $\left(A + \dfrac{1}{2}\right)^2 = A^2 + A + \dfrac{1}{4}.$ (2)

1° Mais si $R > A$, ne fût-ce que d'une unité, il est à *fortiori* plus grand que $A + \dfrac{1}{4}$,

et l'on a : (1) $N > \left(A + \dfrac{1}{2}\right)^2$, d'où $\sqrt{N} > A + \dfrac{1}{2}.$ C. Q. F. D.

2° Si R est égal ou inférieur à la racine, il est *à fortiori* plus petit que $A + \frac{1}{4}$, et l'on a :

$$N < \left(A + \frac{1}{2}\right)^2, \text{ d'où } \sqrt{N} < A + \frac{1}{2}.$$

EXTRACTION DE LA RACINE CARRÉE DES FRACTIONS

294. Théorème. *Le carré d'une fraction est égal au carré du numérateur divisé par le carré du dénominateur; et réciproquement, la racine carrée d'une fraction est égale à la racine carrée du numérateur divisée par celle du dénominateur.*

1° En effet, $\left(\dfrac{3}{4}\right)^2 = \dfrac{3}{4} \times \dfrac{3}{4} = \dfrac{3 \times 3}{4 \times 4} = \dfrac{3^2}{4^2}.$

2° Je dis que $\sqrt{\dfrac{9}{16}} = \dfrac{\sqrt{9}}{\sqrt{16}};$

En effet, $\left(\sqrt{\dfrac{9}{16}}\right)^2 = \dfrac{9}{16};$

mais $\left(\dfrac{\sqrt{9}}{\sqrt{16}}\right)^2 = \dfrac{\sqrt{9} \times \sqrt{9}}{\sqrt{16} \times \sqrt{16}} = \dfrac{9}{16};$ donc,

$$\left(\sqrt{\dfrac{9}{16}}\right)^2 = \left(\dfrac{\sqrt{9}}{\sqrt{16}}\right)^2; \quad \text{d'où } \sqrt{\dfrac{9}{16}} = \dfrac{\sqrt{9}}{\sqrt{16}}.$$

295. 1ᵉʳ Cas. *Les deux termes sont des carrés parfaits.*

La racine s'obtient en prenant la racine carrée des deux termes (n° 294).

Ex. :
$$\sqrt{\dfrac{36}{49}} = \dfrac{\sqrt{36}}{\sqrt{49}} = \dfrac{6}{7}.$$

2ᵉ Cas. *Le dénominateur seul est carré parfait.*

Dans ce cas, on prend ordinairement la racine du numérateur à *une unité près*, et on divise par la racine du dénominateur.

Ex. :
$$\sqrt{\dfrac{32}{64}} = \dfrac{\sqrt{32}}{\sqrt{64}} = \dfrac{5}{8}, \text{ à } \dfrac{1}{8} \text{ près.}$$

3ᵉ Cas. *Le dénominateur n'est pas un carré parfait.*

On rend ordinairement le dénominateur carré parfait et l'on rentre dans le cas précédent.

Exemple : $\dfrac{23}{60}$; on peut écrire

$$\sqrt{\dfrac{23}{60}} = \sqrt{\dfrac{23}{2^2 \times 3 \times 5}} = \sqrt{\dfrac{23 \times (3 \times 5)}{2^2 \times 3 \times 5 \times (3 \times 5)}} = \sqrt{\dfrac{345}{2^2 \times 3^2 \times 5^2}} = \sqrt{\dfrac{345}{(2 \times 3 \times 5)^2}} =$$

$$\sqrt{\dfrac{345}{(30)^2}} = \dfrac{\sqrt{345}}{30};$$ par suite, la racine sera $\dfrac{18}{30}$, ou $\dfrac{19}{30}$, à $\dfrac{1}{30}$ près.

Remarque. Pour les deux derniers cas, on pourrait encore réduire la fraction en décimales, et avoir, en appliquant la règle (n° 298), tel degré d'approximation qu'on désire.

EXTRACTION DE LA RACINE CARRÉE D'UN NOMBRE ENTIER OU FRACTIONNAIRE, AVEC UNE APPROXIMATION DONNÉE.

296. Soit à extraire la racine carrée d'un nombre entier ou fractionnaire à $\dfrac{1}{11}$ près.

Extraire la racine de N à $\dfrac{1}{11}$ près, revient à chercher combien il y a de onzièmes dans $\sqrt{N}$.

Représentons par x le nombre de onzièmes cherché ; on aura :

$$\dfrac{x}{11} < \sqrt{N} < \dfrac{x+1}{11}, \text{ ou bien}$$

$$\dfrac{x^2}{11^2} < N < \dfrac{(x+1)^2}{11^2}, \text{ ou encore}$$

$$\dfrac{x^2}{11^2} < \dfrac{N \times 11^2}{11^2} < \dfrac{(x+1)^2}{11^2}, \text{ puis}$$

$$\dfrac{x}{11} < \dfrac{\sqrt{N\,11^2}}{11} < \dfrac{x+1}{11}, \text{ et enfin}$$

$$x < \sqrt{N.11^2} < x+1.$$

x sera donc à une unité près, par défaut, la racine du produit $N\,(11)^2$; d'où l'on peut conclure :

297. Règle. *Pour extraire la racine carrée d'un nombre avec une approximation donnée $\left(\text{de la forme } \dfrac{1}{n}\right)$, on multiplie le nombre par le carré n^2 du dénominateur, on extrait la racine du produit, à une unité près, et on donne à cette racine pour dénominateur, le dénominateur n de l'approximation.*

Exemple I : *Extraire la racine de 23 à $\frac{1}{9}$ d'unité près.* On aura : $23 \times 9^2 = 1863$; la racine, à une unité près, est 42 ou 43 ; par suite, $\frac{42}{9}$ sera la racine à $\frac{1}{9}$ près, par défaut, et $\frac{43}{9}$ sera la racine à $\frac{1}{9}$ près, par excès.

Exemple II : *Extraire la racine carrée de 33,4 à $\frac{1}{7}$ d'unité près.* On aura : $33,4 \times 7^2 = 1636,6$; la racine, à une unité près de ce nombre, est la même que celle de 1636 (291), qui est 40 ou 41, par suite, le résultat est $\frac{40}{7}$ ou $\frac{41}{7}$.

On agirait de même pour extraire la racine à $\frac{1}{7}$ près du nombre $12\frac{4}{5}$ ou $\frac{64}{5}$; on a : $\frac{64 \times 7^2}{5} = 627\frac{1}{5}$; la racine, à une unité près, est 25 ; par suite, le résultat est $\frac{25}{7}$.

EXTRACTION DE LA RACINE CARRÉE DES NOMBRES DÉCIMAUX

298. Si l'on veut la racine carrée d'un nombre décimal à $\frac{1}{10}$ près, il suffira de le multiplier par 10^2, de prendre, à une unité près, la racine de la partie entière, et de séparer par une virgule le dernier chiffre du résultat.

Si l'on veut la racine à $\frac{1}{100}$ près, on multiplie le nombre par $(100)^2$, on prend la racine, à une unité près, de la partie entière, et l'on sépare les deux derniers chiffres du résultat, ainsi de suite.

Donc, quand on veut un chiffre décimal à la racine, il faut deux chiffres décimaux au nombre ; si l'on veut deux chiffres décimaux à la racine, il en faut quatre au nombre ; et, en général, il en faut deux fois plus au nombre qu'on n'en veut à la racine. Si le nombre des chiffres décimaux était insuffisant, on écrirait des zéros à droite.

REMARQUES DIVERSES. — RACINES INCOMMENSURABLES

299. **Théorème.** *Le carré d'une expression fractionnaire irréductible ne peut être un nombre entier.*

Soit $\dfrac{16}{11}$; le carré sera $\dfrac{16^2}{11^2}$; or 11 et 16 étant premiers entre eux, 11^2 et 16^2 le seront aussi (n° 173); par suite, etc.

300. Théorème. *Si la racine carrée d'un nombre entier n'est pas entière, elle n'est pas non plus fractionnaire.*

Soit le nombre 42, dont la racine n'est pas entière ; je dis qu'elle n'est pas non plus fractionnaire de la forme $\dfrac{20}{3}$, par exemple (expression qu'on peut toujours supposer irréductible); car si $\dfrac{20}{3}$ exprimait la racine de 42, on aurait : $\left(\dfrac{20}{3}\right)^2 = 42$, ou $\dfrac{400}{9} = 42$. Or le premier nombre est fractionnaire (n° 298); par suite, cette égalité ne peut exister, et $\dfrac{20}{3}$ ne saurait être la racine de 42.

Une racine qui n'est ni entière ni fractionnaire est irrationnelle ou incommensurable.

De telles grandeurs peuvent d'ailleurs être exprimées avec telle approximation que l'on veut. Considérons, par exemple, l'expression $\sqrt{2}$; on a :

$$1 < \sqrt{2} < 2 \; ; \; 1,4 < \sqrt{2} < 1,5 \; ; \; 1,41 < \sqrt{2} < 1,42, \text{ etc.}$$

On a ainsi les inégalités :
$$\left.\begin{array}{l} 1 \\ 1,4 \\ 1,41 \\ 1,414 \\ 1,4142 \\ \dots \end{array}\right\} < \sqrt{2} < \left\{\begin{array}{l} 2 \\ 1,5 \\ 1,42 \\ 1,415 \\ 1,4143 \\ \dots \end{array}\right.$$

Les nombres de la première colonne vont sans cesse en augmentant, mais leurs carrés sont constamment moindres que 2 ; ceux de la seconde vont en diminuant, mais leurs carrés sont constamment supérieurs à 2 ; et comme, d'ailleurs, les nombres correspondants des deux suites peuvent différer entre eux d'aussi peu qu'on voudra, ces deux suites auront une limite commune qui est ce que l'on appelle la $\sqrt{2}$.

La $\sqrt{2}$ (ou de tout autre nombre qui n'est pas carré parfait) est la limite des nombres commensurables, plus grands et plus petits, dont les carrés ont pour limite 2 ou le nombre dont on a cherché la racine carrée.

§ II. — CUBES ET RACINE CUBIQUE

301. Le *cube d'un nombre* est le produit de trois facteurs égaux à ce nombre.

Ainsi, 216 est le cube de 6 ; car $216 = 6 \times 6 \times 6$.

La *racine cubique d'un nombre* est un autre nombre qui, pris trois fois comme facteur, reproduit ce nombre.

Ainsi, 6 est la racine cubique de 216 ; on l'indique ainsi :

$$6 = \sqrt[3]{216}.$$

On appelle *indice* de la racine le nombre qui indique le degré de la racine, et que l'on place entre les branches du radical.

302. Théorème. *Le cube de la somme de deux nombres se compose : du cube du premier, de trois fois le carré du premier par le second, de trois fois le produit du premier par le carré du second, et du cube du second.*

On forme le cube d'une somme en multipliant son carré par cette somme.

Soit à trouver le cube de $7 + 4$; on a :

$$(7+4)^2 = 7^2 + 2\,(7 \times 4) + 4^2 ;$$

il suffira donc de multiplier ce résultat par 7 et par 4, et d'ajouter les résultats.

$$\begin{array}{cc}
7^2 + 2\,(7 \times 4) + 4^2 & \qquad 7^2 + 2\,(7 \times 4) + 4^2 \\
7 & \qquad 4 \\
\hline
7^3 + 2\,(7^2 \times 4) + 7 \times 4^2 & \qquad 7^2 \times 4 + 2\,(7 \times 4^2) + 4^3
\end{array}$$

Enfin : $(7+4)^3 = 7^3 + 3\,(7^2 \times 4) + 3\,(7 \times 4^2) + 4^3$.

303. Corollaire. *Si un nombre se compose de dizaines et d'unités, son cube se composera : du cube des dizaines, du produit du triple carré des dizaines par les unités, du triple produit des dizaines par le carré des unités et du cube des unités ;* car

$$(30+4)^3 = 30^3 + 3\,(30^2 \times 4) + 3\,(30 \times 4^2) + 4^3,$$

et, en général, en appelant d les dizaines et u les unités, on a :

$$(d+u)^3 = d^3 + 3d^2u + 3du^2 + u^3.$$

304. Théorème. *La différence des cubes de deux nombres*

3*

consécutifs est égale à trois fois le carré du plus petit nombre, plus trois fois ce nombre, plus l'unité.

On a successivement :

$$(18+1)^3 - 18^3 = (18^3 + 3 \times 18^2 + 3 \times 18 + 1) - 18^3 = 3 \times 18^2 + 3 \times 18 + 1.$$

305. Théorème. *La racine cubique d'un produit est égale au produit des racines cubiques des facteurs.*

Même raisonnement qu'au n° 278.

306. Corollaire I. *Lorsque les racines cubiques des facteurs d'un produit sont entières, la racine cubique du produit est entière, et réciproquement.*

307. Corollaire II. *La racine cubique d'un nombre est le produit de ses facteurs premiers, pris avec leur exposant divisé par 3.*

308. Théorème. *Lorsqu'un nombre est terminé par des zéros, il n'est un cube parfait que si le nombre des zéros est trois ou un multiple de trois.*

Même raisonnement qu'au n° 281.

309. Théorème. *Le nombre des chiffres de la racine cubique est égal au nombre de tranches de trois chiffres que l'on peut former dans le nombre dont on extrait la racine, à partir de la droite.*

Même raisonnement qu'au n° 284.

EXTRACTION DE LA RACINE CUBIQUE D'UN NOMBRE ENTIER

310. Définition. *Extraire la racine cubique* d'un nombre entier à une unité près, c'est chercher la racine cubique du plus grand cube entier contenu dans ce nombre.

311. 1er Cas. *Le nombre est inférieur à* 1 000.
Soit à extraire la racine cubique de 592.
L'inspection du tableau suivant nous montre

Nombres.	1.	2.	3.	4.	5.	6.	7.	8.	9.	10
Cubes.	1.	8.	27.	64.	125.	216.	343.	512.	729.	1000

que 592 est compris entre 512 et 729; par suite, sa racine sera comprise entre 8 et 9, et ces deux nombres seront tous deux la racine cubique de 592, à une unité près; le premier par défaut et le second par excès ; il n'y a pourtant que le premier, 8, qui réponde à la définition (n° 310).

Remarque. Un chiffre quelconque peut terminer un cube parfait, comme le montre le tableau ci-dessus.

312. 2ᵉ **Cas.** *Le nombre est compris entre* 1 000 *et* 1 000 000.
Soit à extraire la racine cubique de 422 348.

Ce nombre, étant compris entre 1 000 et 1 000 000, sa racine sera comprise entre 10 et 100, et se composera de dizaines et d'unités. Or, le cube des dizaines fournit des mille qui ne peuvent se trouver que dans les 422 mille du nombre ; je dis que la racine cubique, à une unité près, de ce nombre, sera le chiffre des dizaines de la racine cherchée. On a :

$$7^3 \leq 422 < 8^3.$$

Les deux derniers nombres diffèrent toujours au moins d'une unité ; multipliant par 1 000, on aura : $7^3 \times 10^3 \leq 422\,000 < 8^3 \times 10^3$. Les deux derniers nombres diffèrent au moins de 1 000 ; on peut donc ajouter 348 au plus petit, et on aura toujours :

$$7^3 \times 10^3 < 422\,348 < 8^3 \times 10^3,$$

et par suite : $7 \times 10 < \sqrt[3]{422\,348} < 8 \times 10.$

La racine cubique de 422 348 est donc comprise entre 7 dizaines et 8 dizaines ; donc 7 est le chiffre des dizaines, ce qu'il fallait démontrer.

Le cube d'un nombre formé de dizaines et d'unités, se composant (n° 303) du cube des dizaines, de trois fois le carré des dizaines par les unités, du triple produit des dizaines par le carré des unités, plus du cube des unités, c'est-à-dire de $d^3 + 3d^2u + 3du^2 + u^3$, si on retranche le cube des dizaines, d^3, et dans notre exemple, 343 000, le reste 79 348 représentera encore $3d^2u + 3du^2 + u^3 = u\,(3d^2 + 3du + u^2)$; par conséquent, si on divise 79 348 par $3d^2$ seulement, on trouvera le chiffre des unités ou un chiffre trop fort ; puisqu'on diminue le diviseur, on s'expose à augmenter le quotient.

Or, 3 fois le carré des dizaines est un nombre de centaines, elles ne peuvent se trouver que dans les 793 centaines du reste. En divisant ce nombre par 3×7^2, ou 147, on trouve 5 ; pour essayer ce chiffre, il suffit de faire le cube de 75 et de voir s'il peut être retranché de 422 348 ; s'il en est ainsi, comme dans le cas présent, le chiffre est bon ; sinon, on le diminue successivement d'une unité jusqu'à ce qu'on trouve un nombre dont le cube soit contenu dans $422\,348$; mais il est préférable de l'essayer en faisant la somme des trois parties $3d^2 + 3du + u^2$ et la multipliant par u; si le produit peut se retrancher du reste, le chiffre est bon; sinon, on le diminue, etc.

$$\text{Disposition de l'opération :}\quad
\begin{array}{r|l}
422\,348 & 75 \\
343 & \\ \hline
79\,348 & 14\,700\ldots\ 3d^2 \\
78\,875 & 1\,050\ldots\ 3du \\
 & 25\ldots\ u^2 \\ \hline
473 & 15\,775 \times 5
\end{array}$$

75 est donc, à une unité près, la racine cubique de $422\,348$.

313. 3ᵉ Cas. *Le nombre est plus grand que* $1\,000\,000$.
Soit à extraire la racine cubique de $177\,697\,529$.

Ce nombre étant supérieur à $1\,000$, sa racine sera plus grande que 10 et contiendra des dizaines et des unités. Or le cube des dizaines ne peut se trouver que dans les $177\,697$ mille du nombre. Je dis que la racine cubique (qu'on sait trouver) à une unité près, de $177\,697$ sera le nombre des dizaines de la racine cherchée.

En effet, on a successivement, en raisonnant comme ci-dessus :

$$56^3 \leqq 177\,697 < 57^3$$
$$56^3 \times 10^3 \leqq 177\,697\,000 < 57^3 \times 10^3$$
$$56^3 \times 10^3 < 177\,697\,529 < 57^3 \times 10^3$$
$$56 \times 10 < \sqrt[3]{177\,697\,529} < 57 \times 10$$

La racine étant comprise entre 56 dizaines et 57 dizaines, 56 sera le nombre des dizaines. En considérant 56 dizaines comme nous avons considéré 7 dizaines dans l'exemple précédent, et faisant le même raisonnement, on trouve le chiffre 2 des unités.

$$\text{Disposition de l'opération :}\quad
\begin{array}{r|l l}
177\,697\,529 & 562 & \\
125 & & \\ \hline
526.97 & 7\,500\ldots 3d^2 & \\
50\,616 & 900\ldots 3du & \\
 & 36 = u^2 & 940\,800 \\ \hline
2\,0815.29 & 8\,436 \times 6 & 3\,360 \\
1\,8883\,28 & & 4 \\ \hline
1932\,01 & & 944\,164 \\
 & & \times 2
\end{array}$$

En résumant ce qui précède, on peut conclure la règle générale suivante :

314. Règle. *Pour extraire la racine cubique, à une unité près, d'un nombre entier quelconque :* 1° *On partage ce nombre en tranches de trois chiffres, à partir des unités; la dernière peut n'avoir qu'un ou deux chiffres. On extrait la racine du plus grand cube entier contenu dans la dernière tranche à gauche, et on a le premier chiffre de la racine. On soustrait de cette dernière tranche le cube de la racine trouvée, et à côté du reste, on écrit la seconde tranche dont on sépare les deux derniers chiffres à droite.* 2° *On divise la partie à gauche par le triple carré du chiffre trouvé; le quotient sera le second chiffre de la racine ou un chiffre trop fort. On l'essaye en faisant la somme du triple carré des dizaines par les unités (représentées par ce chiffre), de trois fois les dizaines par le carré des unités, et du cube des unités; si cette somme peut être retranchée du nombre formé par le premier reste suivi de la seconde tranche, le chiffre est exact; sinon, on le diminue successivement d'une unité jusqu'à ce que l'on arrive à une soustraction possible. A côté du 2° reste, on écrit la 3° tranche; on sépare comme précédemment les deux derniers chiffres à droite.* 3° *On divise la partie à gauche par le triple carré de la racine trouvée. On continue ainsi jusqu'à ce que l'on ait écrit à droite des restes successifs toutes les tranches, dont le nombre est le même que celui des chiffres de la racine. — Si le reste est nul, la racine est exacte; sinon, elle est approchée à une unité.*

315. Remarque I. Si, en opérant, on essayait un chiffre trop faible, on en serait averti par le reste correspondant qui serait supérieur à trois fois le carré de la racine, plus trois fois la racine (n° 304).

316. Remarque II. Dans la pratique, pour trouver le troisième chiffre d'une racine cubique, et les suivants, on peut abréger les calculs pour obtenir le triple carré de la partie trouvée; en effet, d étant les dizaines, 5 dans notre exemple, et u les unités, 6; le carré de ce nombre sera $d^2 + 2du + u^2$, et le triple carré $3d^2 + 6du + 3u^2$.

Or, la somme 8436 contient déjà $3du + 3d^2 + u^2$; si on ajoute $3du + 2u^2$, on aura $3d^2 + 6du + 3u^2 = 3(d+u)^2$, c'est-à-dire le nombre cherché. Pour faire cela, il suffit d'écrire u^2 ou 36 au-dessous de 8436, et d'ajouter les quatre derniers nombres. Appliquons cette méthode à un exemple.

Soit le nombre 177 697 529 389.

```
177 697 529 389 |                     5 622
125             |           3d² 7 500           940 800
                |           3du   900             3 360
 52 697         |            u²    36                 4
 50 616     }   |   3d²+ 3du +u²= 84 36 × 6    944 164 × 2
  2 081 529 (       3d²+ 3du +u²= 84 36            4
  1 888 328                        36          
                                               
    193 201 389 }                              947 532 00
    189 573 848 } 3d²+ 6du + 3u²= 940 800         337 20
Reste.  3 627 541                                     4
                                               947 869 24
                                                     × 2
```

On pourrait même se dispenser d'écrire les produits 50616, 1 888 328..., en faisant directement la soustraction comme dans la division.

317. Théorème. *La racine cubique à une unité près, d'un nombre qui n'est pas entier, est la même que celle de sa partie entière.*

Même raisonnement qu'au n° 291.

318. Théorème. *Le reste de l'opération ne peut dépasser 3 fois le carré de la racine, plus 3 fois la racine.*

En effet, soit N le nombre, A la racine, R le reste ; on a :

$$N = A^3 + R.$$

Si R égal seulement $3\,A^2 + 3\,A + 1$, on a :

$$N = A^3 + 3\,A^2 + 3\,A + 1 = (A + 1)^3$$

donc, alors la racine n'est pas A, mais $A + 1$. Ce qui est vrai pour le reste définitif, l'est évidemment aussi pour les divers restes obtenus dans l'extraction de la racine.

EXTRACTION DE LA RACINE CUBIQUE DES FRACTIONS

319. On examine les trois mêmes cas que pour la racine carrée et on opère d'une façon analogue. N°s 294 et 295.

Il en est de même pour l'extraction de la racine cubique des décimales ; voir l'extraction de la racine carrée des fractions décimales.

Tout ce que l'on a vu aux n°s 299 et 300, relativement aux racines incommensurables, s'applique aux racines cubiques.

EXTRACTION DE LA RACINE CUBIQUE
D'UN NOMBRE ENTIER OU FRACTIONNAIRE, AVEC UNE APPROXIMATION DONNÉE

320. Un raisonnement analogue à celui du n° 296 nous permettra de conclure la règle suivante :

Règle. *Pour extraire la racine cubique d'un nombre quelconque avec une approximation donnée $\left(\text{de la forme } \dfrac{1}{n}\right)$ on multiplie le nombre par le cube du dénominateur de l'approximation, on extrait du produit la racine cubique, à une unité près, puis on donne à cette racine, pour dénominateur, celui de l'approximation.*

321. Remarque. Pour l'extraction de la racine cubique des nombres décimaux, un raisonnement analogue à celui du n° 298 nous permettra de conclure que, *si l'on veut un chiffre décimal à la racine cubique, il en faut trois au nombre; deux à la racine, six au nombre; en général, trois fois plus au nombre qu'à la racine. On complètera aussi par des zéros le nombre des chiffres s'il était insuffisant.*

QUESTIONS SUR LES RACINES

1° Par quels chiffres peut être terminé un carré ?

2° Le dernier chiffre d'un carré est cinq : quel est l'avant-dernier ?

3° Un carré est terminé par 0 : quel est l'avant-dernier chiffre ?

4° Un nombre impair est un carré; démontrer qu'il égale $4m+1$.

5° Décomposer 734 400 en facteurs premiers, et dire si c'est un carré.

6° Quel degré d'approximation a-t-on lorsque le reste obtenu dans l'extraction de la racine carrée est le double de la racine obtenue ?

7° Le reste égale la racine : quelle approximation a-t-on ?

8° Comment extrait-on la 6ᵉ racine d'un nombre ?

9° Extraire la racine carrée des nombres suivants : 2, 3, 5, 6, 10, et faire voir que les parties décimales ne sauraient être périodiques.

10° Trouver la racine carrée des nombres suivants : 8, 12, 18, 20, 24, 32, 40, 45, 48, 50, 54, au moyen de multiplications.

11° Combien compte-t-on de nombres entiers jusqu'à un million qui ne soient pas des carrés parfaits?

12° Démontrer que 782, 943, 1875, 124947, 24518, 17540, ne sauraient être des carrés parfaits.

13° Démontrer qu'un nombre pair qui n'est pas divisible par 4 ne saurait être la différence de deux carrés parfaits.

14° La somme des carrés de deux nombres est 29. Trouver deux nombres dont la somme des carrés soit 58.

15° Trouver deux nombres consécutifs dont la différence des carrés soit 729457.

16° La somme de deux nombres est 20; la différence de leurs carrés est 280. Trouver ces deux nombres.

17° Démontrer que chacun des nombres 1, 3, 5, 7, 9, 11..., est la différence de deux carrés entiers.

18° La différence de deux nombres est 106,70; celle de leurs carrés est 41079,5; déterminer chacun de ces nombres.

19° Combien y a-t-il de nombres entiers entre 79479^2 et 79480^2 qui ne soient pas des carrés parfaits?

20° Un nombre impair est un carré si, diminué de 1, il est un multiple de 4.

CHAPITRE VI

Système métrique.

—

INTRODUCTION

322. Le *système métrique* est l'ensemble des poids et des mesures qui ont le mètre pour base.

Système signifie ensemble de principes et de combinaisons relatifs à un même objet.

L'ensemble des poids et mesures forme un *système* parce que l'on a adopté des principes analogues pour les diverses catégories de mesures, et que, d'ailleurs, ces catégories se rattachent les unes aux autres.

Le système est appelé *légal*, en France, parce qu'il est le seul dont les lois autorisent l'usage.

Il est encore appelé *décimal*, parce que les multiples et sous-multiples des diverses unités varient comme les puissances de 10:

323. Le système métrique n'a aucun des inconvénients des anciens systèmes ou des systèmes étrangers, inconvénients que nous résumons ici.

1° Les mesures, dans les autres systèmes, sont souvent fort multipliées. (*Voir* à l'appendice le tableau des mesures anciennes.)

2° Souvent les mesures de même nature étaient indépendantes les unes des autres, c'est-à-dire qu'elles n'étaient pas multiples des mesures inférieures de la même espèce, ou sous-multiples des mesures supérieures ; ainsi le nœud (mesure de longueur) de 47 pieds $\frac{1}{2}$, qui était un sous-multiple du mille marin, n'était pas multiple de la toise et du pied.

3° Les mesures de nature différente n'avaient pas de relation entre elles.

4° Les mots ne faisaient pas connaître la liaison des mesures de même espèce, lorsque cette liaison existait; ainsi le mot pied ne rappelle pas l'idée de douze pouces.

324. Les rois Philippe le Long, Louis XI, François Ier, Henri II, Louis XIV et Louis XV, avaient songé à remédier aux inconvénients de l'ancien système des poids et mesures.

L'assemblée constituante réalisa cette pensée. Un décret du 8 mai 1790, décida que l'uniformité des poids et mesures serait établie pour tout le territoire du royaume.

Pour donner à ce système une base invariable, on résolut de la prendre dans les dimensions même du globe. Méchain et Delambre mesurèrent avec un soin minutieux l'arc du méridien compris entre Dunkerque et Barcelone. Par le calcul, on détermina ensuite la longueur du quart du méridien, qui fut trouvé de 5 130 740 toises. On a divisé cette longueur par 1 000 000 et on a trouvé toise.0,5 130 740 pour la longueur du mètre.

Cette longueur est inférieure de quelques centièmes de ligne à la longueur trouvée depuis, de la 10 000 000e partie du quart du méridien. Ainsi, la longueur du mètre serait de toise 0,5 131 276, au lieu de toise 0,5 130 740, ou 3 pieds 11 lignes 342, au lieu de 3 pieds 11 lignes 296.

Le roi avait donné, le 30 mars 1791, sa sanction au décret qui ordonnait l'exécution des travaux dont nous venons de parler; ils furent terminés le 22 juin 1799.

Le nouveau système ne fut pas d'abord accueilli avec la faveur qu'il méritait. Un décret du 2 novembre 1801 avait rendu le système métrique *obligatoire;* mais, à la suite de vives réclamations que fit entendre de toutes parts la routine, le gouvernement autorisa, par décret du 8 février 1812, la fabrication de mesures dites *usuelles,* qui portaient les noms des anciennes, mais qui étaient dans un rapport exact avec les nouvelles : ainsi, il y eut un *pied* égal *au tiers du mètre;* une *toise* de *deux mètres;* une *pinte* de *un litre;* une *livre* (poids) de *un demi-kilog;* une *livre* (monnaie) égale à *un franc.*

Ce n'est que depuis la loi du 4 juillet 1837, rendue exécutoire à partir du 1er janvier 1840, que le nouveau système a été enfin appliqué et compris par les masses.

325. Le système métrique a été adopté par la Suisse, le Piémont, les États-Romains, l'Espagne, la Grèce, le Grand-Duché de Luxembourg, la Hollande, la Belgique, et la plupart des États de

l'Amérique méridionale. Les États-Unis et l'Autriche l'ont admis en principe.

326. LE SYSTÈME MÉTRIQUE COMPREND SIX SORTES DE MESURES :
1° Les *mesures de longueur*, qui ont le *mètre* pour unité ;
2° Les *mesures de superficie*, qui ont pour unité le *mètre carré* ou *l'are*, mesure de cent mètres carrés ;
3° Les *mesures de volume*, qui ont le *mètre cube* pour unité ;
4° Les *mesures de capacité*, qui ont pour unité le *litre* ou *décimètre cube* ;
5° Les *mesures de poids*, qui ont pour unité le *gramme*, poids d'un centimètre cube d'eau pure.
6° Les *mesures monétaires*, qui ont pour unité le *franc*, pièce d'argent allié de cuivre, du poids de cinq grammes.

327. Il est à peine besoin de faire remarquer comment ces diverses unités se rattachent au mètre. Pour les cinq premières, la définition de l'unité suffit à le démontrer. La sixième, se rattachant au gramme, qui est basé sur le mètre, est également rattachée au mètre.

328. Les multiples des unités du système métrique s'expriment par les mots grecs suivants, placés avant le nom de l'unité principale :

déca,   qui veut dire 10 ; de sorte que *décamètre*   signifie 10 mètres.
hecto,   —   100 ;   —   *hectolitre*   —   100 litres.
kilo,   —   1 000 ;   —   *kilogramme*   — 1 000 gram^{es}.
myria,   —   10 000 ;   —   *myriamètre*   —10 000 mètres.

329. Les sous-multiples des unités du système métrique s'expriment par les mots latins suivants, placés devant le nom de l'unité principale :

déci, qui veut dire 10° ; de sorte que *décimètre*   signifie *dixième* de mètre.
centi,   —   100° ;   —   *centilitre*   —   *centième* de litre.
milli,   —   1 000° ;   —   *milligramme*   — *millième* de gram.

MESURES DE LONGUEUR

330. Les *mesures de longueur* ont pour objet la mesure de l'étendue considérée comme ligne.

ON DISTINGUE DEUX SORTES DE MESURES DE LONGUEUR.
1° Les *mesures de longueur ordinaires*, qui ont pour objet

l'évaluation des longueurs communes : la hauteur d'une maison, la largeur d'une rue, la longueur d'un champ, etc.

2° Les *mesures itinéraires*, qui ont pour objet des distances géographiques : la longueur d'une route, d'un canal, d'un chemin de fer, du cours d'un fleuve.

331. Le *mètre* est une longueur égale à la dix-millionième partie du quart du méridien terrestre.

332. Ses multiples sont :

1° Le *décamètre*, ou *décam.*, ou *DM.*, qui vaut 10 mètres.
2° L'*hectomètre*, ou *hectom.*, ou *Hm.*, — 100
3° Le *kilomètre*, ou *kilom.*, ou *Km.*, — 1000
4° Le *myriamètre*, ou *myriam.*, ou *Mm.*, — 10000

333. Les sous-multiples du mètre sont :
1° Le *décimètre*, *décim.* ou *dm.*, qui vaut la 10° partie du mètre ;
2° Le *centimètre*, *centim.* ou *cm.*, qui vaut la 100° partie du mètre ;
3° Le *millimètre*, *millim.* ou *mm.*, qui vaut la 1000° partie du mètre.

334. Pour exprimer les mesures de longueur *proprement dites*, on ne se sert pas des expressions *décamètre, hectomètre, kilomètre* et *myriamètre;* on les remplace par les nombres équivalents : *dix mètres, cent mètres, mille mètres*, etc.

335. Le *kilomètre* et le *myriamètre* sont employés l'un et l'autre comme unité principale des *mesures itinéraires*.

MESURES DE SURFACE OU DE SUPERFICIE

336. On appelle *mesures de superficie* celles qui servent à évaluer l'étendue considérée sous deux dimensions.

337. On distingue :
1° Les *mesures de surface ordinaires*, qui ont pour objet l'évaluation des surfaces de peu d'étendue, telles que la superficie d'un mur, d'une cour, etc. ;
2° Les *mesures agraires*, qui ont pour objet l'évaluation des surfaces de terrains productifs : champs, vignes, prés, bois, forêts;

3º Les *mesures topographiques*, qui ont pour objet l'évaluation des surfaces très-étendues, telles que celles d'un État, d'une
province, d'un département, d'un canton, d'une commune.

338. L'unité des mesures de superficie est le *mètre carré, Mq.*
ou *mq.*

Les multiples sont :

1º Le *décamètre carré, décam. q.* ou *Dm. q.*, carré de 10 mètres de côté, qui vaut 100 Mq. ;

2º L'*hectomètre carré, hectom. q.* ou *Hm. q.*, carré de 100 mètres de côté, qui vaut 10 000 Mq. ;

3º Le *kilomètre carré, kilom. q.* ou *Km. q.*, carré de 1 000 mètres de côté, qui vaut 1 000 000 Mq. ;

4º Le *myriamètre carré, myriam. q.* ou *Mm. q.*, carré de
10 000 mètres de côté, qui vaut 100 000 000 Mq. ;

Les sous-multiples sont :

1º Le *décimètre carré, décim. q.* ou *dm. q.*, carré de 1 décimètre de côté, qui vaut $\frac{1}{100}$ de Mq.

2º Le *centimètre carré, cent. q.* ou *cm. q.*, carré d'un centimètre de côté, qui vaut $\frac{1}{10\,000}$ de Mq. ;

3º Le *millimètre carré, millim. q.*, *mm. q.*, carré d'un millimètre de côté, qui vaut $\frac{1}{1\,000\,000}$ de Mq.

339. Pour démontrer que les multiples du mètre carré croissent comme les carrés des diverses puissances de 10, et que les
sous-multiples décroissent comme les quotients de l'unité par les
carrés des puissances de 10, il suffit de prouver que tout carré
dont le côté est 10 fois plus grand que celui d'un autre, a une
surface 100 fois plus grande que cet autre.

Proposons-nous de démontrer que le mètre carré vaut 100 décimètres carrés.

Soit le carré ABCD, dont on supposera que chaque côté a 1 mètre
de longueur.

Si on divise le côté AB en dix parties égales, et que, par les
points de division, on mène des lignes 1-1, 2-2, 3-3..., parallèles à
AD, on partagera le carré en dix rectangles égaux à ADEF, ayant
1 mètre de longueur et 1 décimètre de largeur.

Si l'on divise ensuite AD en 10 parties, et que, par les points
de division, on mène des parallèles à AB, chacun des 10 rectangles

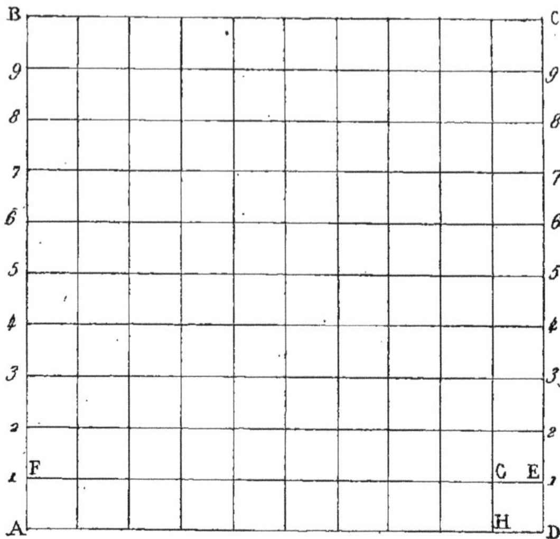

que l'on a formés précédemment sera divisé en 10 carrés égaux à DEGH ; donc, le carré ABCD sera lui-même divisé en 100 carrés de 1 décimètre de côté ; donc, le mètre carré vaut 100 décimètres carrés.

340. Remarque I. On démontrerait d'une manière analogue que le décamètre carré vaut 100 mètres carrés , le côté du décamètre carré étant 10 fois plus grand que celui du mètre carré ; 2° que l'hectomètre carré vaut 100 décam. q., le côté de l'hectomètre carré étant 10 fois plus grand que celui du décam. q., et ainsi de suite.

Donc, pour convertir en décimètres carrés des mètres carrés , il faut multiplier ces mètres carrés par 100 ; pour les convertir en décamètres carrés , il faut les diviser par 100.

341. Remarque II. Dans les *mesures de surfaces* ordinaires, le mètre carré est l'unité principale.

Dans les *mesures topographiques*, l'unité est le *kilomètre carré* ou le *myriamètre carré*, suivant que l'on doit exprimer des nombres grands ou très-grands.

Dans les *mesures agraires*, l'unité est l'*are*, surface équivalente à celle du *décamètre carré*.

L'*are* n'a qu'un multiple : l'*hectare (de hectoare)*, qui vaut 100 ares ; il a pour équivalent l'*hectomètre carré*.

Le sous-multiple de l'*are* est le *centiare*, 100ᵉ partie de l'are ; il a pour équivalent le *mètre carré*.

L'expression *décare* est inusitée, parce qu'il n'y a pas de carré parfait qui ait pour surface 10 ares ou 100 mètres carrés.

De même, l'expression *déciare* est inusitée, parce qu'il n'y a pas de carré parfait qui ait pour surface 10 mètres carrés.

MESURES DE VOLUME

342. Les *mesures de volume* ont pour objet l'évaluation de l'étendue considérée sous trois dimensions.

343. ON DISTINGUE :

1º Les *mesures de volume proprement dites*, qui ont le *mètre cube* pour unité ;

2º Les *mesures pour le bois de chauffage*, qui ont pour unité le *stère*, dont le volume est équivalent à 1 mètre cube, sans que la forme en soit celle d'un cube.

344. Ordinairement, on considère le mètre cube comme n'ayant pas de multiples, pourtant il pourrait admettre les suivants :

Décamètre cube, décam. c. ou *Dm. c.*, cube de 10 mètres de côté, qui vaut 1 000 mètres cubes.

Hectomètre cube, hectom. c. ou *Hm. c.*, cube de 100 mètres de côté, qui vaut 1 000 000 de mètres cubes.

Kilomètre cube, kilom. c. ou *Km. c.*, cube de 1 000 mètres de côté, qui vaut 1 000 000 000 de mètres cubes.

Myriamètre cube, myriam. c. ou *Mm. c.*, cube de 10 000 mètres de côté, qui vaut 1 000 000 000 000 de mètres cubes.

345. Les sous-multiples sont :

Décimètre cube, décim. c., dm. c., cube de 0 m. 10 de côté, qui vaut $\frac{1}{1\,000}$ de mètre cube.

Centimètre cube, centim. cub., cm. c., cube de 0 m. 01 de côté, qui vaut $\frac{1}{1\,000\,000}$ de mètre cube.

Millimètre cube, millim. c., mm. c., cube de 0 m. 001 de côté, qui vaut $\frac{1}{1\,000\,000\,000}$ de mètre cube.

346. Soit à démontrer que les multiples du mètre cube croissent comme les cubes des quatre premières puissances de 10, et que les sous-multiples décroissent comme les quotients de l'unité par les cubes des trois premières puissances de 10.

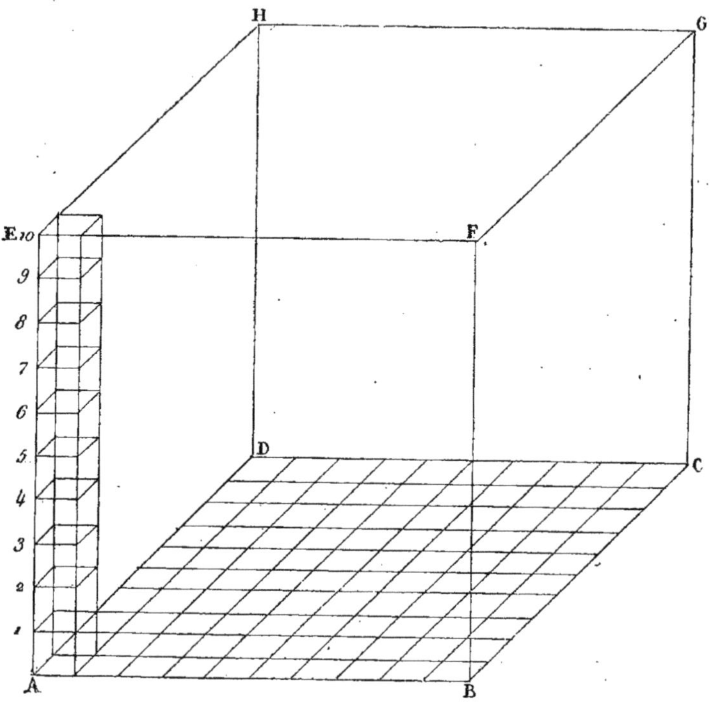

Considérons le cube ABCDEFGH, de 1 mètre de côté. La face ABCD est un mètre carré ; donc, on peut la diviser en 100 décimètres carrés (n° 339). Sur chacun de ces décimètres carrés, on peut imaginer un solide de 1 décimètre carré de base et 1 mètre de hauteur. Divisons en 10 parties égales l'arête AE, et par les points de division, menons des plans parallèles à ABCD, chacun des 100 solides sera divisé en 10 cubes de 1 décimètre de côté. Donc, le mètre cube vaut $100 \times 10 = 1000$ décimètres cubes.

On démontrerait de même que le décimètre cube vaut 1000 centimètres cubes, etc.

Donc, pour convertir des mètres cubes en décimètres cubes, en

centimètres cubes, en millimètres cubes, il faut les diviser par
1 000, 1 000 000, 1 000 000 000.

347. Pour mesurer le *bois de chauffage*, on se sert du *stère*,
qui a la valeur d'un mètre cube, sans en avoir la forme. Ses trois
dimensions ne sont pas égales.

348. Le *stère* a un multiple, le *décastère*, qui égale 10 stères ;
et un sous-multiple, le *décistère*, qui égale la $\frac{1}{10}$ partie du
stère.

MESURES DE CAPACITÉ

349. Les *mesures de capacité* sont celles qui servent à mesurer les *liquides* et les *matières sèches*.

350. L'unité des mesures de capacité est *le litre*, dont la contenance égale 1 décimètre cube.

351. Les multiples du litre sont :

1° Le *décalitre, Dl.*, qui vaut 10 litres, ou $\frac{1}{100}$ de mètre cube ;

2° L'*hectolitre, Hl.*, qui vaut 100 litres, ou $\frac{1}{10}$ de Mc. ;

3° Le *kilolitre, Kl.*, qui vaut 1 000 litres, ou 1 Mc.

352. Les sous-multiples du litre sont :

1° Le *decilitre, dl.*, qui vaut $\frac{1}{10}$ de lit., ou $\frac{1}{10\,000}$ de Mc. ;

2° Le *centilitre, cl.*, qui vaut $\frac{1}{10}$ de décil., ou $\frac{1}{100\,000}$ de Mc. ;

3° Le *millilitre, ml.*, qui vaut $\frac{1}{1\,000}$ de lit., ou $\frac{1}{1\,000\,000}$ de Mc.

MESURES DE POIDS

353. On appelle *mesures de poids*, ou simplement *poids*, les
mesures dont on se sert pour peser.

L'unité principale des mesures de poids est le *gramme* : c'est
le poids d'un centimètre cube d'eau distillée, prise à son maximum
de densité, $+ 4°$, et pesée dans le vide (*).

(*) On n'a pas réellement pesé dans le vide ; mais, par le calcul, on est arrivé
au même résultat.

354. Les multiples du gramme sont :

1° Le *décagramme, Décag., Dg.,* qui vaut 10 grammes ;

2° L'*hectogramme, Hectog., Hg.,* qui vaut 100 gr. ;

3° Le *kilogramme, Kilog., Kg.,* qui vaut 1 000 gr. ;

4° Le *myriagramme, Myriag., Mg.,* qui vaut 10 000 gr. ;

5° Le *quintal métrique, Q.,* qui vaut 100 Kg. ;

6° La *tonne métrique,* qui vaut 10 Q.

355. Les sous-multiples du gramme sont :

1° Le *décigramme, décig., dg.,* qui vaut $\frac{1}{10}$ de gr. ;

2° Le *centigramme, centig., cg.,* qui vaut $\frac{1}{100}$ de gr.

3° Le *milligramme, millig., mg.,* qui vaut $\frac{1}{1000}$ de gr.

356. Le gramme est l'unité de poids pour les choses de grande valeur qui se vendent en petite quantité ; quelquefois même, on prend pour unité l'un des sous-multiples du gramme.

Pour le poids des objets de consommation journalière, on prend comme unité le kilog. ; pour les objets d'un poids très-considérable, on prend le quintal métrique ou la tonne.

MESURES MONÉTAIRES

357. On appelle *mesures monétaires* ou simplement *monnaies* les mesures qui servent à évaluer le prix des choses.

358. L'*unité monétaire* est le *franc :* c'est une pièce de monnaie du poids de 5 grammes, formée d'un alliage d'argent et de cuivre, au titre de 0,900 (*).

359. On appelle *titre* des monnaies le rapport entre le poids du métal fin qui entre dans l'alliage et le poids total de l'alliage.

S'il y a 8 grammes d'argent dans un alliage du poids de 10 grammes, le titre de cet alliage est $\frac{8}{10}$.

Le titre *légal* de la pièce de 5 francs est de $\frac{900}{1000}$; aujourd'hui, les autres pièces d'argent sont au titre de 0,835.

(*) La pièce de 1 franc ne répond plus à cette définition, que justifie seule la pièce de 5 francs et les pièces en or.

360. Le franc n'a aucun multiple.

361. Les sous-multiples du franc sont :

1º Le *décime (au lieu de décifranc)*, ou $\frac{1}{10}$ de franc ;

2º Le *centime (au lieu de centifranc)*, ou $\frac{1}{10}$ de décime,
ou $\frac{1}{100}$ de franc.

362. On fabrique aussi de la monnaie d'or et de la monnaie de bronze.

La monnaie d'or est au titre de $\frac{9}{10}$.

La monnaie de bronze contient 95 parties de cuivre, 4 d'étain, et 1 de zinc.

363. Les monnaies d'or et d'argent ont cours forcé, parce qu'elles fournissent, en métal, une valeur égale à celle qu'elles représentent dans la circulation.

Toutefois, la monnaie divisionnaire d'argent n'a cours forcé que jusqu'à concurrence de 50 fr., parce qu'elle est à un titre trop faible.

364. La monnaie de bronze n'a cours forcé que jusqu'à concurrence de 5 fr., parce que le prix du cuivre dans le commerce est bien moindre que dans la monnaie.

365. La monnaie d'argent, à poids égal, vaut légalement 20 fois plus que la monnaie de bronze.

366. La monnaie d'or, à poids égal, vaut 15 fois $\frac{1}{2}$ plus que la monnaie d'argent, et, par conséquent, 310 fois plus que la monnaie de bronze.

367. Les titres des objets d'orfévrerie sont :
Pour l'or, 1º 0,920 ; 2º 0,840 ; 3º 0,750 ;
Pour l'argent, 1º 0,950 ; 2º 0,800.

368. Lorsque l'on veut savoir le prix d'un kilog. d'or pur dans le commerce, en prenant pour base la valeur de l'or monnayé, on doit se rappeler :

1º Que dans les monnaies précieuses, on ne tient pas compte de la valeur du cuivre ;

2º Qu'à la valeur du métal précieux, on a dû ajouter le prix de fabrication pour arriver au prix pour lequel la monnaie est livrée.

Le prix de fabrication est de 6 fr. 70 par kilog. d'or monnayé, et de 1 fr. 50 par kilog. d'argent monnayé ; d'après cela :

1° Le kilog. d'argent monnayé vaut $\dfrac{(200^f - 1,50)\,1000}{900} = 220^f 55$.

2° Le kilog. d'or monnayé vaut $\dfrac{[(200 \times 15,5) - 6,70]\,1000}{900} =$ 3437 fr.

MESURES EFFECTIVES

369. On distingue :

1° *Les mesures effectives ou réelles,* qui existent réellement, et dont on se sert pour évaluer les grandeurs : le mètre, le litre, le kilog. sont des mesures effectives.

2° *Des mesures de compte,* qui n'existent pas en nature, et dont on se sert pour évaluer les grandeurs : le mètre carré, le mètre cube, sont des mesures de compte.

Des mesures qui, par leur nature, pourraient exister, mais que l'on ne met point en usage, à cause de leurs trop grandes ou trop petites dimensions, sont encore des mesures de compte.

Le myriamètre... le millimètre... sont des mesures de compte.

370. Les surfaces et les volumes s'évaluent par des calculs effectués sur les longueurs qu'exprime la mesure de leurs dimensions ; mais les nombres qui représentent la mesure des surfaces et des volumes s'expriment au moyen d'unités spéciales.

371. *L'étalon* ou type des mesures effectives a été fabriqué avec un très-grand soin et déposé au musée du *Conservatoire des arts et métiers.*

372. Toutes les mesures employées dans le commerce doivent être conformes à cet étalon. Les fabricants ne peuvent les livrer que quand elles ont été examinées avec soin par les employés du gouvernement et marquées du poinçon de l'État.

Elles portent ostensiblement la *dénomination de la mesure* qu'elles représentent, ainsi que la *marque du fabricant.*

373. Les mesures effectives de longueur sont :

Le *décamètre, ruban d'acier,* ou *chaîne* formée de tiges de fer réunies par des anneaux.

Le *mètre*, en bois, en cuivre ou en acier, divisé en décimètres et en centimètres.

Le *décimètre* en buis ou en cuivre, divisé en centimètres et en millimètres.

Chacune de ces mesures a, en outre, son *double* et sa *moitié;* il n'y a pas de demi-décimètre.

374. LES MESURES EFFECTIVES POUR LE BOIS DE CHAUFFAGE SONT :

Le *stère*, de 1 mètre entre les montants et dont la hauteur varie en raison inverse de la longueur des bûches;

Le *double-stère*, de 2 mètres entre les montants;

Le *demi-décastère*, de 3 mètres entre les montants.

375. LES MESURES EFFECTIVES DE CAPACITÉ SONT DE TROIS SORTES :

1° *Celles qui servent dans le commerce en gros;* ce sont des cylindres en *cuivre*, en *tôle*, ou en *fonte* étamés, dont la profondeur est égale au diamètre.

Ce sont :

Le *double-hectolitre*,
L'*hectolitre;*
Le *demi-hectolitre;*
Le *double-décalitre;*
Le *décalitre;*
Le *demi-décalitre.*

376. 2° *Celles qui sont employées dans le commerce pour le lait et l'huile;* elles sont en *fer-blanc;* leur diamètre est égal à leur hauteur.

Ce sont *l'hectolitre*, le *décalitre*, le *litre*, le *décilitre*, le *centilitre*.

Chaque mesure a son *double* et sa *moitié;* toutefois il n'y a pas de demi-centilitre.

377. 3° *Celles qui servent dans le commerce de détail pour tous les produits autres que le lait et l'huile*. Elles ne peuvent être faites qu'en *étain* ou en *fer-blanc*.

Leur profondeur est double de leur diamètre.

Ce sont :

Le *litre;*
Le *décilitre;*
Le *centilitre.*

Chaque mesure a son *double* et sa *moitié*. Il n'y a pas de demi-centilitre.

378. *Les mesures de capacité pour les matières sèches sont construites* en bois de chêne, de hêtre ou de noyer, ou encore en cuivre et en tôle. Leur diamètre est égal à leur hauteur.

Ce sont :

L'*hectolitre ;*

Le *décalitre ;*

Le *litre ;*

Le *décilitre.*

Chaque mesure a son *double* et sa *moitié.*

379. *On distingue deux sortes de poids :*

1° Les poids en fonte de 50 et de 20 kilos, pyramides tronquées, ayant pour base un rectangle à angles coupés et arrondis ; et les poids inférieurs en fonte, ayant la forme de pyramides hexagonales régulières.

2° Les poids en cuivre qui, depuis le poids de 20 kilos jusqu'à celui d'un demi-décag., ont la forme d'un cylindre surmonté d'un bouton. Le diamètre de ce cylindre est égal à sa hauteur, et double de la hauteur du bouton.

Le double gramme et le gramme ont une forme analogue ; mais le diamètre est double de la hauteur du cylindre et de celle du bouton.

Les poids d'un demi-gramme et au-dessous sont des lames de cuivre de la forme d'un carré aux angles coupés.

Il y a des poids en cuivre dans la forme de godets coniques qui s'empilent les uns dans les autres, et dont le plus grand est une boîte qui les renferme tous. Chaque série forme un poids d'un kilogramme ou d'un sous-multiple du kilogramme ; chaque pièce correspond à l'un des poids cylindriques.

La série complète des poids comprend les multiples et les sous-multiples du gramme, depuis le demi-quintal jusqu'au milligramme ; chaque multiple ou sous-multiple a son double et sa moitié.

Les poids de 50 kilos à 1 kilo sont appelés gros poids.

Les poids de $\frac{1}{2}$ kilo à 1 gramme sont appelés poids moyens.

Les poids inférieurs à 1 gramme sont appelés petits poids,

380.   **MESURES EFFECTIVES POUR LES MONNAIES**

PIÈCES EN OR

VALEUR	TITRE	DIAMÈTRE	POIDS EXACT	TOLÉRANCE	
				sur le titre.	sur le poids.
fr. 100	0,900	35mm	gr. millig. 32,258	0,002	$\frac{1}{1000}$
50	0,900	28	16,129	0,002	$\frac{2}{1000}$
20	0,900	21	6,4516	0,002	$\frac{2}{1000}$
10	0,900	19	3,2258	0,002	$\frac{2,50}{1000}$
5	0,900	17	1,6129	0,002	$\frac{3}{1000}$

PIÈCES EN ARGENT

VALEUR	TITRE	DIAMÈTRE	POIDS EXACT	TOLÉRANCE	
fr. c. 5	0,900	37mm	25	0,002	$\frac{3}{1000}$
2	0,835	27	10	0,002	$\frac{5}{1000}$
1	0,835	23	5	0,002	$\frac{5}{1000}$
0,50	0,835	18	2,5	0,002	$\frac{7}{1000}$
0,20	0,835	15	1	0,002	$\frac{10}{1000}$

PIÈCES EN BRONZE

VALEUR	TITRE	DIAMÈTRE	POIDS EXACT	TOLÉRANCE	
0,10	»	30mm	10	»	$\frac{10}{1000}$
0,05	»	25	5	»	$\frac{10}{1000}$
0,02	»	20	2	»	$\frac{15}{1000}$
0,01	»	15	1	»	$\frac{15}{1000}$

N. B. Pour avoir le poids d'une pièce en or, on divise par 15,5 (n° 354) le poids qu'aurait une pièce équivalente en argent. Ainsi, 100 francs en argent pèsent $5^g \times 100 = 500$; en or, ils pèseront $\frac{500}{15,50} = 32^g 258$.

Ces poids sont des nombres incommensurables.

381. On appelle *tolérance sur le poids* la différence que la loi tolère entre le poids exact que doivent avoir les pièces et le poids qu'elles ont lorsqu'elles sont dans la circulation. Cette tolérance est indiquée dans le tableau du n° 368.

382. On appelle *tolérance de titre* la différence que la loi tolère entre le titre que devraient avoir les pièces et celui qu'elles ont réellement.

La tolérance, pour les monnaies d'or et d'argent, est de 0,002 en plus ou en moins du poids de la pièce.

Pour la monnaie de bronze, elle est de 0,01 sur le cuivre, et de 0,05 sur l'étain et le zinc.

NOTIONS SUR LES NOMBRES COMPLEXES

383. On appelle *nombres complexes* des nombres dont le système de numération n'est pas décimal, c'est-à-dire que, dans ces nombres, chaque unité ne vaut pas dix unités inférieures.

Ainsi, 3 ans 5 mois 8 jours 4 heures 6 minutes 5 secondes constituent un nombre complexe, parce que l'année ne se décompose pas en dix mois, ni le mois en dix jours, ni le jour en dix heures, ni l'heure en dix minutes, de sorte que l'on ne pourrait pas écrire : 3 ans 5 mois 8 jours etc... 358465 secondes, comme nous écrivons 3 kilogrammes 5 hectogrammes 8 décagrammes 4 grammes 6 décigrammes 5 centigrammes, 358465 centigrammes.

Les *mesures anciennes* formaient des *nombres complexes*.

(Voir à la fin du volume, le tableau des anciennes mesures.)

OPÉRATIONS SUR LES NOMBRES COMPLEXES

—

1° ADDITION

Soit à additionner les nombres complexes.

6 toises	2 pieds	4 pouces.
+ 8	4	6
+ 3	2	7

1re Méthode. On pourrait d'abord réduire chaque nombre en pouces, en se rappelant que la toise vaut 6 pieds, et le pied 12 pouces; on trouverait ainsi :

1ᵉʳ nomb.: 6 toises 2 pieds 4 pouces $= (12{\times}6{\times}6)+(12{\times}2)+4 = 460$ pouces
2ᵉ   —   8 —   4 —   6 — $= (12{\times}6{\times}8)+(12{\times}4)+6 = 630$ —
3ᵉ   —   3 —   2 —   7 — $= (12{\times}6{\times}3)+(12{\times}2)+7 = 247$ —

Les 3 nombres égalent :   Total 1 337 pouces

On réduirait ensuite les 1 337 pouces en pieds, en les divisant par 12, ce qui donne :

$$1\,337 : 12 = 111 \text{ pieds } 5 \text{ pouces.}$$

Les 111 pieds, réduits en toises, donnent :

$$111 : 6 = 18 \text{ toises } 3 \text{ pieds.}$$

Le total est donc 18 toises 3 pieds 5 pouces.

384. Règle. *Pour additionner les nombres complexes en unités de la plus faible subdivision qu'ils renferment, on les additionne comme les nombres ordinaires.*

2° On peut aussi procéder de la manière suivante :

6 toises	2 pieds	4 pouces
8 —	4 —	6 —
3 —	2 —	7 —
18 —	3 —	5 —

On additionne les pouces : $4 + 6 + 7 = 17$ pouces; dans 17 pouces, il y a 1 pied (12 pouces) et 5 pouces: on écrit ces 5 pouces, et l'on additionne 1 pied avec la colonne des pieds; $1 + 2 + 4 + 2 = 9 = 1$ toise et 3 pieds; on écrit les 3 pieds, et l'on ajoute 1 toise à la colonne des toises : $1 + 6 + 8 + 3 = 18$ toises.

385. Règle. *Pour additionner des nombres complexes, on fait séparément la somme des diverses subdivisions dont ils se composent, à partir de la droite; on extrait de chaque somme partielle les unités de la division supérieure, s'il y a lieu, et l'on écrit le reste au-dessous de la subdivision sur laquelle on a opéré.*

2° SOUSTRACTION

1ᵉʳ **Exemple.** *Soit à soustraire 3 degrés 15 minutes 35″ de 6 degrés, 45 minutes 52 secondes.*

5ᵈ	45′	52″
3	15	35
2	30	17

386. Règle. *On soustrait successivement chaque subdivision du nombre inférieur de chaque division du nombre supérieur.*

2ᵉ **Exemple** : De 6 mois 15 jours 8 heures 25 minutes.

	Otez	2	17	9	29
		3	27	22	56

On doit soustraire 29 minutes de 25 ; cela ne se peut ; on ajoute 25′ à 1 heure, qui, convertie en minutes, en donne 60 : 60′ + 25′ = 85′ ; 29 ôtés de 85 donnent 56 pour reste. Puisque l'on a augmenté d'une heure le nombre supérieur, on doit augmenter d'une heure le nombre inférieur ; on aura ainsi 10 heures à soustraire de 8 heures ; augmentant 8 heures de 24 heures (durée d'un jour), on a 8 + 24 = 32 ; 32 − 10 = 22, et ainsi de suite. On trouve ainsi pour reste : 3 mois 27 jours 22 heures 56′.

387. **Règle.** *Lorsqu'une subdivision du nombre supérieur a moins d'unités que sa correspondante dans le nombre inférieur, on augmente la subdivision trop faible d'une unité de la subdivision immédiatement supérieure préalablement réduite en unités de la subdivision sur laquelle on opère. On augmente ensuite d'une unité la subdivision supérieure dans le petit nombre.*

3° MULTIPLICATION

388. 1ᵉʳ **Cas.** *L'on a un nombre complexe à multiplier par un nombre entier.*

Soit 4 ans 5 mois 3 jours à multiplier par 15.

	4^a	5^m	3^j
			15
	66^a	4^m	15^j

Multiplier 4^a 5^m 3^j par 15, c'est répéter 15 fois 4^a, plus 15 fois 5^m, plus 15 fois 3^j.

On multiplie d'abord 3 jours par 15 ; on obtient ainsi 45 jours ; dans 45 jours, il y a un mois de 30 jours, et 15 jours. On écrit 15 jours, et l'on retient 1 mois pour l'ajouter au produit de 5 mois par 15 ; 5 × 15 = 75^m ; 75^m + 1^m = 76^m ; dans 76^m, il y a 6 ans ou 72 mois, et 4 mois ; on écrit 4 mois, et l'on retient les 6 années pour les ajouter au produit de 4 ans par 15 ; 15 × 4 = 60 ans ; 60 ans + 6 ans = 66 ans.

389. **Règle.** *Pour multiplier un nombre complexe par un nombre entier, on multiplie par le nombre entier chacune des subdivisions, en commençant par la plus faible. On extrait de chaque produit les unités égales à celles de la subdivision immédiatement supérieure, et on ajoute le nombre ainsi obtenu au produit de la subdivision suivante par le nombre entier.*

390. **Remarques.** 1° On aurait pu obtenir le même résultat en convertissant en jours les ans et les mois, avant de multiplier ; on aurait

eu ainsi à multiplier $(30 \times 12 \times 4) + (30 \times 5) + 3 = 1593$ par 15; on aurait ensuite divisé par 30, pour avoir des mois, puis le nombre des mois par 12, pour avoir des années.

2° Si l'on avait eu à multiplier 15 par 4 ans 5 mois 3 jours, on aurait interverti l'ordre des facteurs, et l'on aurait obtenu le même résultat. (N° 63.)

391. 2° **Cas.** *Si l'on avait à multiplier un nombre complexe par un nombre complexe, on pourrait :*

1° Réduire l'un ou l'autre, ou même tous les deux, en unités de la subdivision la plus simple; le multiplicateur serait alors une fraction ayant pour numérateur le nombre ainsi obtenu, et pour dénominateur le nombre qui indique combien de fois la plus faible unité est contenue dans la plus forte.

Soit à chercher ce que valent 3 livres 5 onces 6 gros à 4 livres 3 sous 6 deniers la livre;

On a :

$$4^l \ 3^s \ 6^d = (12 \times 20 \times 4) + (12 \times 3) + 6 = 1002$$
$$3^l \ 5^o \ 6^g = (8 \times 16 \times 3) + (8 \times 5) + 6 = 430 \text{ gros;}$$

Mais la livre (poids) vaut 16 onces de 8 gros, ou 128 gros; on aura donc à multiplier 1002 deniers, par $\dfrac{430}{128}$ on trouvera des deniers, que l'on transformera facilement en sous et en livres.

2° On peut multiplier chacune des subdivisions du multiplicande par chacune des subdivisions du multiplicateur, préalablement mise en fraction sur le nombre d'unités qu'il faut de cette subdivision pour égaler l'unité la plus forte.

Ainsi, pour multiplier 4 livres 3 sous 6 deniers par 3 livres 5 onces 6 gros, on écrira ces nombres de la manière suivante :

$$
\begin{array}{lll}
4^l & 3^s & 6^d \\
3^l & 5^o & 6^g \\
\hline
12 & 10 & 6 \\
1 \ \frac{1}{4} & 0 \ \frac{15}{16} & 1 \ \frac{7}{8} \\
0 \ \frac{12}{64} & 0 \ \frac{9}{64} & 0 \ \frac{9}{32} \\
\hline
13^l \ \frac{28}{64} & 11^s \ \frac{5}{64} & 8^d \ \frac{5}{32}
\end{array}
$$

On multiplie tout le multiplicande par 3, puis par $\dfrac{5}{16}$; puis par $\dfrac{6}{16 \times 8} = \dfrac{6}{128}$ ou $\dfrac{3}{64}$; on additionne ensuite les trois produits.

4° DIVISION

392. 1er Cas. *Soit à diviser un nombre complexe par un nombre entier (ou équivoque.)*

Soit 36° 48′ 35″ à diviser par 7.

On écrit d'abord le dividende et le diviseur comme lorsqu'on fait la division ordinaire :

$$36° \quad 48′ \quad 35″ \; \big| \; 7$$
$$ 1 \quad 108′ \quad 35′ \; \big| \; \overline{5° \; 15′ \; 30″}$$
$$ 38′ \quad 215″$$
$$ 3′ \quad 05″$$

On divise 36 par 7; on obtient 5 au quotient; il reste un degré que l'on convertit en minutes, pour l'ajouter aux 48′ que l'on a; on obtient 108′ qui, divisées par 7, donnent 15′ au quotient; il reste 3′ qui, converties en secondes, donnent 60″ × 3 = 180″; 180″ + 35″ = 215″; 215 divisé par 7 donne pour quotient 30″, et il reste 5″.

393. Règle. *Pour diviser un nombre complexe par un nombre entier, on divise successivement par le nombre entier chaque subdivision du dividende, en commençant par la plus élevée. On convertit le reste en unités de la subdivision inférieure à laquelle on l'ajoute; on continue ainsi jusqu'à la fin de l'opération.*

394. Remarque. On aurait pu convertir le dividende en secondes, et diviser comme à l'ordinaire; le quotient aurait pu être ensuite converti en unités des subdivisions supérieures.

395. 2e Cas. *Soit à diviser un nombre entier ou un nombre décimal par un nombre complexe.*

Une somme rapporte 546 fr. en 2 ans 6 mois 3 jours : combien rapporte-t-elle en un an?

On réduira d'abord le diviseur en jours, ce qui donnera 903 jours; puis, comme le jour égale la 360e partie de l'année, on divisera le nombre décimal proposé par $\frac{903}{360}$ d'années, ce qui revient à $\frac{546 \times 360}{903}$.

396. 3e Cas. *Un fourrier gagne 6 livres 4 sous 5 deniers en 3 jours 5 heures. Que gagne-t-il par journée de 12 heures?*

On réduira le dividende en deniers, ce qui donnera 1493 deniers; on réduira de même le diviseur en heures, ce qui donne 41 heures. Or l'heure est $\frac{1}{12}$ du jour, de même le denier est le $\frac{1}{240}$ de la livre (monnaie).

Donc on a à diviser $\frac{1493}{240}$ par $\frac{41}{12}$ ce qui revient à $\frac{1493}{240} \times \frac{12}{41}$.

QUESTIONS RELATIVES AU SYSTÈME MÉTRIQUE

1º La valeur des mesures effectives de contenance du double-hecto-litre au litre inclusivement étant exprimée en litres, quelle est la somme de toutes ces mesures?

2º Si on retranchait d'un double-hectolitre toutes les mesures effectives inférieures jusqu'au litre compris, quel serait le reste?

3º Les bûches placées dans un demi-décastère ont 2 mètres de long, à quelle hauteur doivent-elles monter?

4º Quelle serait la valeur intrinsèque d'une fausse pièce de 5 francs au titre de 0,800?

5º En admettant qu'un corps solide pût être pesé dans l'eau avec une balance à fléau et des poids ordinaires, aurait-on le vrai poids du corps? Dans quel cas l'obtiendrait-on?

6º Si le mètre était quintuplé, combien notre mètre cube actuel vaudrait-il de décimètres cubes ainsi transformés?

7º Si l'on ne possédait qu'un seul échantillon des mesures de poids autorisées par la loi, quels poids ne pourraient pas être évalués directement, de 1 à 30 kilog.?

8º A quoi le mètre devrait-il être réduit pour que la tonne métrique relative à cette unité ainsi transformée, fût équivalente au kilog. actuel?

9º Quelle somme obtient-on quand on ajoute au mètre carré ses multiples et ses sous-multiples?

10º Une longueur mesurée avec un décamètre trop long de 0^m 07, a été trouvée égale à 2 749^m 72; rectifier ce résultat.

11º Une surface a été trouvée 4 hectares 18 ares 64 cent.; mais la chaîne dont on s'était servi avait 0,07 de trop. Rectifier le résultat.

12º L'are a-t-il une forme déterminée? Et le décamètre carré?

13º En admettant que la vitesse d'une locomotive soit de 20 mètres par seconde, trouver le temps qu'elle mettrait à parcourir une distance de 290 lieues de 25 au degré.

14º La densité du cuivre est de 8,85; celle de l'étain 7,29; celle du zinc 7,19. Quel est le volume d'une pièce de 0,10?

15º La longitude de Gabon (Afrique) est de 7º 6′ est; celle de Quito (Amérique), est de 81º 5′ 30″ ouest. Trouver la plus courte distance de ces deux localités situées sur un même parallèle, dont le rayon est 6378 kilomètres.

16º Le litre a-t-il la forme d'un décimètre cube?

17º Expliquer la définition du gramme.

18º Sachant que l'on pèse un litre d'eau dans l'air, avec des poids en cuivre, dont la densité est 8,80, combien faut-il ajouter ou retrancher au poids accusé pour avoir le poids exact?

19° On mesure du bois dont les bûches ont $1^m 20$, tandis que l'on a calculé la hauteur des montants du stère en supposant les bûches de $1^m 14$. Suffit-il, pour avoir un stère exact de bois, de diminuer de $0^m 06$ la hauteur des montants ?

20° On a un vase qui a été fabriqué pour un litre, mais il manque à sa hauteur et à son diamètre 0,005 ; combien lui manque-t-il pour avoir la contenance voulue ?

21° Sachant qu'une pièce de 5 francs a perdu 0 g. 06 par l'usure ; dites combien il manque à sa valeur pour qu'elle atteigne le minimum prescrit par la loi ?

22° Quelle différence y a-t-il entre 5 fr. en pièces de 1 franc et la valeur d'une pièce de 5 francs ?

23° Vaut-il mieux être payé en pièces de 5 francs qu'en or monnayé ?

24° Quelle somme ferait-on avec un lingot d'argent pur de $0dm^3 340$, la densité de l'argent étant 10,47 ? On suppose d'abord que l'on fabrique des pièces de 1 fr., puis que l'on fabrique des pièces de 5 francs.

25° Sachant que l'eau, en se congelant, augmente de $\frac{1}{15}$ de son volume, dites quel serait le volume de la glace qui pèserait autant que 25 000 fr. en or ; on admettra que les pièces ont toutes le poids légal exact.

26° On a mesuré un solide avec un mètre qui est trop court de 0,004. Les dimensions de ce solide ont été trouvées respectivement de 6,25 , 8,75 et 3,20. Quelle différence entre le volume réel et le volume accusé par les mesures ?

27° Combien faudrait-il de litres d'eau de mer pour peser un quintal, sachant que l'eau de mer pèse $\frac{26}{1000}$ de plus que l'eau pure ?

28° Quel serait, par rapport au gramme actuel, le poids du gramme, si l'on avait pris comme terme de comparaison le centimètre cube d'alcool au lieu du centimètre cube d'eau ? On sait que l'alcool a pour densité 0,79. Combien de grammes pèserait, dans cette hypothèse, la pièce de 5 francs en argent, si elle avait conservé la même valeur ?

29° En supposant que le cuivre vaut 17 francs le décimètre cube, dites quelle serait la valeur du cuivre contenu dans 5 milliards en or. La densité du cuivre est 8,80.

30° Un lingot d'or a été trouvé de 0,05 de diamètre et de 0,25 de hauteur ; mais on s'aperçoit qu'il a été mesuré avec un mètre trop court de 0,035. De combien la valeur de ce lingot se trouvait-elle augmentée, sachant que la densité de l'or est 19,26 ?

31° On a pesé un lingot d'argent pur avec de l'eau que l'on avait mesurée dans un litre dont les dimensions étaient exagérées de $\frac{1}{10}$ de leur longueur ; on croyait l'eau pure, et elle pesait $\frac{1}{500}$ de plus que l'eau pure. On a évalué le lingot à 1950 fr. Combien vaut-il ?

32° Si le mètre avait $\frac{1}{25}$ de longueur de plus, et que la pièce de 5 fr. dût peser le même nombre de grammes, quelle en serait la valeur par rapport à la valeur qu'elle a aujourd'hui? On ne tient pas compte de la valeur du cuivre.

33° Quel est le poids de la série totale des pièces françaises?

34° Quelles pièces d'or en circulation pèseraient autant réunies que deux pièces de 5 fr. en argent?

35° Quelle somme en pièces de 5 fr. en argent donnerait le cuivre nécessaire à la fabrication de 1 franc en bronze?

36° Quelle serait la valeur totale des 5 pièces d'or françaises si, tout en ayant le même volume, elles étaient d'or pur?

37° Si on triplait le diamètre et la profondeur d'une mesure de capacité, que deviendrait-elle?

38° Un bijou est au titre de 0,920; il a une valeur intrinsèque de 2453 fr. 20. (On ne tient pas compte de la valeur du cuivre.) 1° Quelle est la quantité de monnaie de bronze que l'on pourrait faire avec le cuivre qu'il renferme; 2° quel serait le poids d'un lingot de platine de même volume que ce bijou, sachant que les densités de l'or, du cuivre et du platine sont respectivement: 19,26, 8,88 et 21,95?

39° Trouver les dimensions de l'hectolitre en bois.

40° On a une somme du poids de 25 kilog. 37 en monnaie divisionnaire d'argent. On l'échange pour une valeur équivalente, mais en pièces de 5 francs. Quel sera le poids de la somme que l'on recevra?

41° On a pesé, avec quarante pièces de cinq francs, un corps dont la densité est 1,357. Quel sera le poids de ce corps dans le vide, le poids du litre d'air étant 1 gr. 30, la densité de l'argent étant 7,47 et celle du cuivre 8,88?

42° Quelle est la valeur intrinsèque maximum que peut avoir une pièce de 40 francs?

43° Réduire 2 ans 6 mois 4 jours 3 heures 5′ en minutes. (On compte le mois de trente jours.)

44° Chercher le nombre de livres (tournois) contenues dans $\frac{547647}{5}$ de deniers. (La livre vaut 20 sous de 12 deniers.)

45° Que coûtaient 37 aunes de drap à 3 écus 2 livres 5 sous l'aune? (L'écu était de 6 livres.) Opérer par les parties aliquotes.

46° Combien valent 45 toises carrées 2 pieds 7 pouces de terrain à 5 livr. 12 sous la toise carrée?

47° 17 livres 7 onces 4 gros d'une marchandise valent 1 fr. Combien aura-t-on de cette marchandise pour 35 livres 7 sous 8 deniers? (Parties aliquotes.)

CHAPITRE VII

Rapports et proportions.

397. Un *rapport* est l'expression de la comparaison de deux grandeurs.

398. On distingüe deux sortes de rapports : 1° les *rapports* par *différence* ou *rapports arithmétiques,* qui expriment la différence de deux nombres : 12—4 est le *rapport arithmétique* des nombres 12 et 4 ; 2° les *rapports par quotient,* qui expriment le résultat de la division de l'un de ces nombres par l'autre ; $\frac{12}{4}$ est le *rapport par quotient* ou *géométrique* de ces deux mêmes nombres.

399. La *raison* est le *résultat effectué* de la comparaison de deux nombres : ainsi, 8 est la raison du rapport par différence 12—4 ; 3 est la raison du rapport géométrique $\frac{12}{4}$.

400. Le *premier terme* d'un rapport est appelé *antécédent;* le *second terme* d'un rapport est appelé *conséquent.*

Dans les exemples précédents, 12 est l'antécédent, 4 le conséquent.

401. Deux *rapports géométriques* sont *inverses* ou *réciproques* lorsque l'antécédent de l'un est le conséquent de l'autre, et réciproquement ; ainsi $\frac{2}{3}$ est le rapport inverse de $\frac{3}{2}$. Le produit de ces rapports est égal à l'unité.

En effet, $\frac{2}{3} \times \frac{3}{2} = 1$.

402. Le *rapport géométrique* de deux grandeurs de même espèce est le nombre qui mesurerait l'une, si l'autre était prise pour unité.

403. Une PROPORTION est l'expression de l'égalité de deux rapports de même espèce.

ON DISTINGUE DEUX SORTES DE PROPORTIONS :

1° Les *proportions par différence ou équidifférences*, dans lesquelles on a deux rapports par différence égaux : 15 — 12 et 19 — 16 constituent une équidifférence. Pour écrire une équidifférence, on sépare par un point les termes d'un même rapport, et par deux points les deux rapports : 15 . 12 : 19 . 16.

On la lit ainsi : 15 est à 12 comme 19 est à 16.

2° Les *proportions par quotient, géométriques*, ou simplement *proportions*, qui expriment l'égalité de deux rapports géométriques.

Ainsi, $\frac{12}{4}$ et $\frac{15}{5}$ forment une proportion.

On l'écrit en séparant les deux fractions par le signe =

$$\frac{12}{4} = \frac{15}{5}.$$

On la lit ainsi : 12 est à 4 comme 15 est à 5, ou encore 12 divisé par 4 égale 15 divisé par 5, ou encore 12 sur 4 égale 15 sur 5.

404. On appelle *extrêmes* le *premier* et le *dernier* terme d'une proportion ou d'une équidifférence ; *moyens*, le *deuxième* et le *troisième* terme.

405. On appelle *proportion continue* celle dans laquelle les deux moyens sont égaux.

Ainsi, 12 . 8 : 8 . 4 et $\frac{24}{12} = \frac{12}{6}$ sont des proportions continues.

Une *moyenne différentielle* ou *arithmétique* est la valeur commune aux deux moyens d'une équidifférence continue.

406. On appelle *troisième proportionnelle* le premier ou le quatrième terme d'une proportion dont les moyens sont égaux.

Une *moyenne proportionnelle* est la valeur commune aux deux moyens d'une proportion géométrique continue.

407. On appelle *quatrième proportionnelle* le quatrième terme d'une proportion.

408. Théorème. *Le rapport de deux grandeurs de même espèce est égal au rapport des nombres qui résultent de la mesure de ces grandeurs comparées à la même unité.*

Supposons A et B, deux grandeurs de même nature évaluées, par exemple, par les nombres 7 et 13. Puisque A vaut 7 fois ce que B vaut 13 fois, A vaudra 7 fois le $\frac{1}{13}$ de B, c'est-à-dire, $A = \frac{7}{13} B$ ou $\frac{A}{B} = \frac{7}{13}$. Si on prend B pour unité, le nombre qui mesure A est alors $\frac{7}{13}$, et le rapport des deux grandeurs est égal au rapport des nombres qui les mesurent.

Le théorème serait encore vrai, si les nombres qui mesurent les grandeurs A et B étaient fractionnaires.

409. Remarque. Comme on le voit, les rapports sont des fractions ordinairement plus compliquées que les fractions ordinaires, parce que les termes de ces nouvelles fractions peuvent être des nombres quelconques ; elles jouissent d'ailleurs des mêmes propriétés et sont soumises aux mêmes règles de calcul que les fractions ordinaires.

PROPRIÉTÉS DES ÉQUIDIFFÉRENCES

410. Propriété fondamentale. *Dans toute équidifférence, la somme des extrêmes est égale à celle des moyens.*

Soit l'équidifférence 12 . 9 : 16 . 13 ;
On a, par définition, $12 - 9 = 16 - 13$;
Ajoutant à chaque membre de cette égalité la somme de deux conséquents, il vient :

$$12 - 9 + 9 + 13 = 16 - 13 + 9 + 13,$$
$$\text{ou} \quad 12 + 13 = 16 + 9. \hspace{3cm} \text{C. Q. F. D.}$$

411. Corollaire I. *On peut trouver un terme quelconque d'une équidifférence quand on connaît les trois autres. Si c'est un extrême, on fait la somme des moyens et on retranche l'extrême connu ; si c'est un moyen, on fait la somme des extrêmes dont on retranche le moyen connu.* Soit x . 12 : 19 . 13 ; en vertu de la démonstration précédente, on a :

$$x + 13 = 12 + 19 ;$$
$$\text{d'où} \quad x = 12 + 19 - 13 = 26.$$

412. Corollaire II. La *moyenne arithmétique* (nº 395) est égale à la demi-somme des extrêmes.

Soit $12 \cdot x : x \cdot 8$

on a : $x + x = 12 + 8$

ou $2x = 20$, et $x = \dfrac{20}{2} = 10$.

Réciproquement, *quand quatre nombres sont tels que la somme des moyens est égale à celle des extrêmes, ces quatre nombres forment une équidifférence.*

S'il vient les quatre nombres $20, 14, 9, 3$, tels que $20 + 3 = 14 + 9$,
je dis que l'on a :

$$20 \cdot 14 : 9 \cdot 3.$$

En effet, si de chaque membre de l'égalité donnée on retranche le 2e et le 4e nombre, il vient :

$$20 + 3 - 14 - 3 = 14 + 9 - 14 - 3;$$

d'où $20 - 14 = 9 - 3$,

et encore $20 \cdot 14 : 9 \cdot 3.$ C. Q. F. D.

413. Corollaire I. *On peut ajouter ou retrancher une même quantité à un extrême et à un moyen sans altérer l'équidifférence.*

Corollaire II. *On peut, dans une équidifférence, changer les moyens de place, mettre les moyens à la place des extrêmes.*

$8 \cdot 4 : 6 \cdot 2$ $6 \cdot 8 : 2 \cdot 4$ $2 \cdot 6 : 4 \cdot 8$ $4 \cdot 2 : 8 \cdot 6$
$8 \cdot 6 : 4 \cdot 2$ $6 \cdot 2 : 8 \cdot 4$ $2 \cdot 4 : 6 \cdot 8$ $4 \cdot 8 : 2 \cdot 6$

PROPRIÉTÉS DES PROPORTIONS GÉOMÉTRIQUES

414. Théorème. *Dans toute proportion, le produit des extrêmes est égal au produit des moyens.*

Soit la proportion $\dfrac{3}{4} = \dfrac{6}{8}$.

Si l'on a réduit au même dénominateur ces deux fractions, il y a encore égalité ; donc,

$$\frac{3 \times 8}{4 \times 8} = \frac{6 \times 4}{8 \times 4}.$$

Multipliant les deux fractions par 4×8, il vient :

$$3 \times 8 = 6 \times 4.$$ C. Q. F. D.

415. Théorème. *Réciproquement, lorsque quatre nombres sont tels que le produit du premier par le quatrième soit égal au produit du second par le troisième, ces quatre nombres forment une proportion.*

Soient les nombres 3, 4, 6, 8, tels que l'on a $3 \times 8 = 4 \times 6$ (1); je dis que l'on peut écrire $\frac{3}{4} = \frac{6}{8}$.

Divisant les deux membres de l'égalité (1) par le produit obtenu en multipliant le second nombre par le quatrième, il vient :

$$\frac{3 \times 8}{4 \times 8} = \frac{4 \times 6}{4 \times 8};$$

Supprimant dans ces deux fractions les facteurs communs aux numérateurs et aux dénominateurs, il vient :

$$\frac{3}{4} = \frac{6}{8}. \qquad\qquad \text{C. Q. F. D.}$$

416. Corollaire. *Cette dernière propriété permet d'opérer sur l'ordre des termes d'une proportion les changements suivants.*

1° *On peut changer les moyens entre eux :*

$$\frac{3}{4} = \frac{6}{8} \text{ donne } \frac{3}{6} = \frac{4}{8};$$

2° *On peut changer les extrêmes entre eux :*

$$\frac{3}{4} = \frac{6}{8} \text{ donne } \frac{8}{4} = \frac{6}{3};$$

3° *On peut faire passer les moyens aux extrêmes :*

$$\frac{3}{4} = \frac{6}{8} \text{ donne } \frac{4}{3} = \frac{8}{6}.$$

NOTA. Ces *quatre* proportions en donneraient quatre autres si on déplaçait les rapports.

4° *On peut multiplier ou diviser : 1° un moyen et un extrême par un même nombre; 2° les quatre termes par un même nombre.*

Il est évident que, dans tous ces cas, le produit des moyens reste égal à celui des extrêmes.

417. Théorème. *Quand deux proportions ont un rapport commun, les deux autres rapports peuvent former une proportion.*

En effet, si on a : $\frac{3}{4} = \frac{6}{8}$ et $\frac{12}{16} = \frac{6}{8}$, on aura aussi $\frac{3}{4} = \frac{12}{16}$, car deux quantités égales à une troisième sont égales entre elles.

418. Corollaire. *Si deux proportions ont les mêmes numérateurs, les dénominateurs sont en proportion.*

419. Théorème. *Dans toute proportion, la somme ou la différence des deux premiers termes est au second comme la somme ou la différence des deux derniers est au quatrième.*

Soit la proportion $\frac{5}{3} = \frac{15}{9}$; si l'on ajoute ou si l'on retranche l'unité à ces deux rapports égaux, les résultats seront égaux ; on aura :

$$\frac{5}{3} \pm 1 = \frac{15}{9} \pm 1 \text{ ; par suite, } \frac{5 \pm 3}{3} = \frac{15 \pm 9}{9}. \qquad \text{C. Q. F. D.}$$

420. Corollaire I. *Dans toute proportion, la somme ou la différence des deux premiers est au premier comme la somme ou la différence des deux derniers est au troisième.*

Car on tire de la proportion précédente :

$$\frac{5 \pm 3}{15 \pm 9} = \frac{3}{9} = \frac{5}{15} \text{ ; donc, } \frac{5 \pm 3}{5} = \frac{15 \pm 9}{15}.$$

421. Corollaire II. *Dans toute proportion, la somme des deux premiers termes est à la somme des deux derniers comme la différence des deux premiers est à la différence des deux derniers.*

On a : $\frac{5 + 3}{3} = \frac{15 + 9}{9}$ et $\frac{5 - 3}{3} = \frac{15 - 9}{9}$; par suite,

$\frac{5 + 3}{15 + 9} = \frac{3}{9}$ et $\frac{5 - 3}{15 - 9} = \frac{3}{9}$; donc (n° 407), $\frac{5 + 3}{15 + 9} = \frac{5 - 3}{15 - 9}$.

422. Remarque. On aurait trois propositions analogues à celles des n° 419, 420 et 421 en remplaçant les mots premiers par antécédents, derniers par conséquents. On les démontrerait de la même manière en intervertissant d'abord les moyens.

423. Théorème. *Dans une suite de rapports égaux, la somme des numérateurs est à celle des dénominateurs comme un numérateur quelconque est à son dénominateur.*

4 *

Soit $\dfrac{2}{3} = \dfrac{4}{6} = \dfrac{8}{12} = \dfrac{16}{24}$;

on a (n° 204) : $\dfrac{2 + 4 + 8 + 16}{3 + 6 + 12 + 24} = \dfrac{2}{3} = \dfrac{6}{4}$.   C. Q. F. D.

424. Théorème. *On peut multiplier terme à terme plusieurs proportions, et les produits obtenus sont en proportion.*

Soient les proportions :

$$\frac{3}{4} = \frac{6}{8}$$
$$\frac{1}{2} = \frac{5}{10}$$
$$\frac{2}{5} = \frac{6}{15}.$$

Multipliant ces égalités membre à membre, il vient :

$$\frac{3 \times 1 \times 2}{4 \times 2 \times 5} = \frac{6 \times 5 \times 6}{8 \times 10 \times 15}.$$ C. Q. F. D.

425. Théorème. *Les puissances semblables des termes d'une proportion sont en proportion.*

En effet, soit $\dfrac{3}{4} = \dfrac{6}{8}$.

On peut supposer que l'on a plusieurs proportions identiques, et (414) en les multipliant terme à terme, on a :

$$\frac{3 \times 3 \times 3 \ldots}{4 \times 4 \times 4 \ldots} = \frac{6 \times 6 \times 6 \ldots}{8 \times 8 \times 8 \ldots} ;$$

d'où $\dfrac{3^3}{4^3} = \dfrac{6^3}{8^3}$ ou $\dfrac{3^4}{4^4} = \dfrac{6^4}{8^4}$, etc.

426. Corollaire. *Les racines semblables des termes d'une proportion sont en proportion.*

En effet, soit la proportion :

$$\frac{25}{36} = \frac{100}{144}.$$

On a évidemment :

$$\sqrt{\frac{25}{36}} = \sqrt{\frac{100}{144}} ; \quad \sqrt[3]{\frac{25}{36}} = \sqrt[3]{\frac{100}{144}} ; \quad \sqrt[n]{\frac{25}{36}} = \sqrt[n]{\frac{100}{144}}$$

d'où (n° 294) $\dfrac{\sqrt{25}}{\sqrt{36}} = \dfrac{\sqrt{100}}{\sqrt{144}} \ldots \dfrac{\sqrt[n]{25}}{\sqrt[n]{36}} = \dfrac{\sqrt[n]{100}}{\sqrt[n]{144}}$

Ex. : $\dfrac{A^2}{B^2} = \dfrac{m}{n}$; d'où $\dfrac{A}{B} = \dfrac{\sqrt{m}}{\sqrt{n}}$.

QUANTITÉS DIRECTEMENT OU INVERSEMENT PROPORTIONNELLES

427. Deux quantités variables sont *directement proportionnelles,* lorsque l'une d'elles, croissant ou décroissant, fait croître ou décroître l'autre dans le même rapport.

Ainsi, le prix d'une marchandise est directement proportionnel à la quantité de marchandise ; le chemin parcouru par un voyageur qui marche d'un pas uniforme, est directement proportionnel au temps employé à le parcourir.

428. Deux quantités variables sont *inversement proportionnelles* lorsque l'une d'elles, croissant ou décroissant, fait décroître ou croître l'autre.

Ainsi, le nombre d'ouvriers nécessaires pour faire un travail est inversement proportionnel aux temps qu'ils emploient. Les vitesses de deux courriers sont aussi inversement proportionnelles aux temps qu'ils emploient à parcourir le même trajet.

QUESTIONS QUI PEUVENT SE RÉSOUDRE

PAR LES PROPORTIONS

—

RÈGLE DE TROIS

429. On appelle *Règle de trois* une opération par laquelle étant donnés trois termes d'une proportion, on cherche le quatrième.

Ainsi, 3 ouvriers ont fait 50 m. d'ouvrage ; combien en auraient fait 15 ouvriers ?

Une règle de trois est *simple* quand chaque terme de la proportion est exprimé par un seul nombre.

Une règle de trois est *composée* lorsque chaque terme de la proportion est exprimé par plusieurs quantités.

La règle de trois simple est *directe* quand les grandeurs considérées sont *directement proportionnelles* (n° 427), et *inverse* quand elles sont *inversement proportionnelles* (n° 428).

RÈGLE DE TROIS SIMPLE

430. MÉTHODE DE RÉDUCTION A L'UNITÉ.

1er **Ex. :** *Un courrier a fait 30 kilomètres en 5 heures ; combien en fera-t-il en 18 heures ?*

On peut résoudre ce problème par deux méthodes :

Disposition des données : $\begin{cases} 5 \text{ h. } - 30 \text{ k.} \\ 18 - - x \end{cases}$

Si, en 5 h., le courrier fait 30 kilomètres ; en 1 h., il en fera 5 fois moins, ou $\dfrac{30}{5}$ k. ; et en 18 heures, il en fera 18 fois plus, ou $\dfrac{30 \times 18}{5}$.

Par suite, $x = 30 \times \dfrac{18}{5} = 108$ kilom.

431. MÉTHODE DES PROPORTIONS.

Plus un courrier met de temps, en marchant toujours du même pas, plus il parcourt de kilomètres ; donc, la règle est directe, et l'on peut écrire $\dfrac{30}{x} = \dfrac{5}{18}$; d'où $x = \dfrac{30 \times 18}{5} = 108$ kilom.

2ᵉ **Ex.** : *Il faut 12 ouvriers pour faire un certain travail en 30 jours ; combien faudra-t-il d'ouvriers pour faire le même ouvrage en 24 jours ?*

432. MÉTHODE DE RÉDUCTION A L'UNITÉ.

Disposition des données : $\begin{cases} 30 \text{ j. } - 12 \text{ ouv.} \\ 24 \quad - x \end{cases}$

Pour que l'ouvrage soit fait en 30 jours, on emploie 12 ouvriers. Si l'ouvrage devait être fait en 1 jour, il faudrait 30 fois plus d'ouvriers, ou 12×30 ; et pour qu'il soit fait en 24 jours, il faudra 24 fois moins d'ouvriers, ou $\dfrac{12 \times 30}{24}$; par suite, $x = 12 \times \dfrac{30}{24} = 15$ ouv.

433. MÉTHODE DES PROPORTIONS.

Plus on consacre de jours au travail, moins il faut d'ouvriers ; donc la règle est inverse, et l'on peut écrire :

$$\frac{12}{x} = \frac{24}{30} \text{ ; d'où } x = \frac{12 \times 30}{24} = 15 \text{ ouvriers.}$$

Règle. *Pour obtenir l'inconnue, dans une règle de trois simple, on multiplie le nombre qui lui est homogène par le rapport direct des deux autres quand ils sont directement proportionnels, ou par le rapport inverse quand ils le sont inversement.*

RÈGLE DE TROIS COMPOSÉE

434. Méthode de réduction a l'unité.

Ex. : *Pour faire* 180 *mètres d'un certain travail,* 15 *ouvriers ont employé* 12 *jours de* 10 *heures; combien faudrait-il de jours de* 8 *heures à* 32 *ouvriers pour faire* 600 *mèt. du même ouvrage?*

Disposition des données : $\left\{ \begin{array}{llll} 15 \text{ ouv.} & 10 \text{ h.} & 180^m & 12 \text{ j.} \\ 32 & 8 & 600 & x. \end{array} \right.$

A 12 ouvriers qui travaillent 10 h. par jour, il faut 12 jours pour faire 180 mèt. d'ouvrage; à un seul ouvrier, dans les mêmes conditions, il faudrait 15 fois plus de jours, ou 12×15; à 32 ouvriers, il en faudra 32 fois moins, ou $\dfrac{12 \times 15}{32}$.

Si les ouvriers ne travaillaient que 1 h. par jour, il faudrait 10 fois plus de jours, ou $\dfrac{12 \times 15 \times 10}{32}$; s'ils travaillent 8 h., ils mettront 8 fois moins de jours, ou $\dfrac{12 \times 15 \times 10}{32 \times 8}$.

C'est le temps employé pour faire 180 mèt. d'ouvrage; pour faire 1 mèt., il faudrait 180 fois moins de temps, ou $\dfrac{12 \times 15 \times 10}{32 \times 8 \times 180}$; pour faire 600 mèt., il faudra 600 fois plus de temps, ou $\dfrac{12 \times 15 \times 10 \times 600}{32 \times 8 \times 180}$; donc $x = 12 \times \dfrac{15}{32} \times \dfrac{10}{8} \times \dfrac{600}{180} = 23$ jours $\dfrac{7}{16}$.

435. Méthode des proportions.

On cherche d'abord combien il faudrait de jours, dans les conditions du premier travail, pour faire 600 mèt. au lieu de 180. Plus il y a de mètres à faire, plus il faut de jours; donc le rapport est direct, et l'on a : $\dfrac{12}{x} = \dfrac{180}{600}$; d'où $x = \dfrac{12 \times 600}{180}$ (1).

On cherche ensuite combien il faudrait de jours à 32 ouvriers pour faire les 600 mèt. d'ouvrage. Plus il y a d'ouvriers, moins il faut de jours; donc le rapport est inverse, et l'on a, en représentant par x' le nouveau nombre de jours :

$$\frac{x}{x'} = \frac{32}{15}, \text{ d'où } x' = \frac{15 \times x}{32} \qquad (2)$$

On cherche le nombre de jours qu'il faut à ces 32 ouvriers pour faire les 600 mèt. d'ouvrage en travaillant 8 h. par jour. Plus ils travaillent d'heures par jour, moins il faut de jours; donc le rapport est inverse, et l'on a, en représentant par x'' le nouveau nombre de jours :

$$\frac{x'}{x''} = \frac{8}{10}; \text{ d'où } x'' = \frac{10 \times x'}{8} \qquad (3)$$

Dans cette troisième égalité, on remplace x' par sa valeur (2), puis x par sa valeur (1); il vient :

$$x'' = \frac{10 \times 15 \times 12 \times 600}{8 \times 32 \times 180} = 23 \text{ jours } \frac{7}{16}.$$

436. Règle. *Après avoir écrit sur deux lignes horizontales les données du problème, on obtient la valeur de l'inconnue en multipliant le nombre qui lui est homogène par le rapport direct des nombres directement proportionnels et par le rapport inverse des nombres inversement proportionnels.*

RÈGLE D'INTÉRÊT

437. La *règle d'intérêt* a pour but de chercher ce que rapporte une somme placée pendant un certain temps à un taux déterminé.

L'*intérêt* est *simple* lorsqu'il ne se joint pas au capital à la fin de chaque année pour produire lui-même intérêt; il est composé lorsqu'il se joint au capital à la fin de chaque année pour produire de nouveaux intérêts.

Les questions relatives à l'intérêt composé sont du ressort de l'algèbre.

Dans une règle d'intérêt, on considère : 1° le *capital*; 2° l'*intérêt*; 3° le *taux*; 4° le *temps*.

Lorsque trois quelconques de ces quantités sont données, on détermine facilement la quatrième.

438. On appelle *intérêt* le bénéfice qu'on retire d'une somme prêtée.

On appelle *taux* l'intérêt annuel de 100 francs.

439. 1° PAR L'UNITÉ.

1er **Problème.** *Trouver l'intérêt que produira un capital de 12000 francs placés à 5 % pendant 4 ans 3 mois 18 jours.*

Dans le calcul des intérêts, le mois se compte souvent de 30 jours, et l'année de 360 jours, bien que, légalement, l'année et le mois doivent se compter tels qu'ils sont :

Disposition des données : $\left\{\begin{array}{ccc} 100^{\text{f}} & 360^{\text{j}} & 5^{\text{f}} \\ 12000 & 1548 & x \end{array}\right.$

Si, en 360 jours, 100 fr. produisent 5 fr. d'intérêt, 1 fr. produira $\frac{5}{100}$; 12000 produiront 12000 fois plus, ou $\frac{5 \times 12000}{100}$; c'est là l'intérêt produit dans 360 jours ; en 1 jour, il serait 360 fois moindre ; et dans 1548, il serait 1548 fois plus fort, ou $\frac{5 \times 12000 \times 1548}{100 \times 360} = 2580$ fr.

440. Par les proportions.

$$\frac{5}{x} = \frac{100}{12000} ; \text{ d'où } x = \frac{5 \times 12000}{100} ;$$

$$\frac{x}{x'} = \frac{360}{1548} ; \text{ d'où } x' = \frac{1548 \times x}{360} ;$$

donc $\qquad x' = \frac{1548 \times 5 \times 12000}{360 \times 100} = 2580$ fr.

441. 2ᵉ Problème. *Quel temps faut-il pour qu'un capital de 3000 fr. placé à 4 %, produise 1200 fr. d'intérêt ?*

Disposition des données : $\left\{\begin{array}{ccc} 100 & 4 & 1 \\ 3000 & 1200 & x \end{array}\right.$

Pour que 100 fr. produisent un intérêt de 4 fr., il faut 1 an ; à 1 fr., pour produire 4 fr., il faudra 100 fois plus de temps, ou 1×100 ; et pour produire 1 fr., il faudra 4 fois moins de temps, ou $\frac{1 \times 100}{4}$; pour avoir un intérêt de 1200 fr., il faudra 1200 fois plus de temps, ou $\frac{1 \times 100 \times 1200}{4}$; mais s'il faut ce temps à 1 fr. pour produire l'intérêt demandé, il faudra à 3000 fr. 3000 fois moins de temps ou $\frac{1 \times 100 \times 1200}{4 \times 3000} = 10$ ans.

442. Par les proportions :

$$\frac{1}{x} = \frac{4}{1200} ; \text{ d'où } x = \frac{1200}{4} ;$$

$$\frac{x}{x'} = \frac{3000}{100} ; \text{ d'où } x' = \frac{100\,x}{3000} ;$$

donc $\qquad x' = \frac{100 \times 1200}{4 \times 3000} = 10$ ans.

Remarque I. Si on appelle I l'intérêt, c le capital, T le taux et t le temps, le premier problème fournira : $(1)\, I = \dfrac{cTt}{100}$, ou bien, en posant $\dfrac{T}{100} = i$, cette formule se réduit à $(2)\, I = cit$. Ces deux formules montrent clairement que, si trois de ces quatre quantités sont connues, on peut facilement trouver la quatrième. Ainsi l'on peut écrire :

$$c = \frac{I}{it} \,;\, i = \frac{I}{ct} \,;\, t = \frac{I}{ci}$$

Remarque II. Si l'on ajoute c à chaque membre de l'égalité, $I = cit$, il vient : $I + c = c + cit = c(1 + it)$, et si l'on fait $I + c = A$, on pourra écrire : $A = c(1 + it)$.

Cette formule est très-utile pour la résolution des problèmes d'escompte.

Remarque III. Si l'on réduit t en jours, et qu'on représente par n le nombre de jours, la formule (1) (n° 442) devient : $I = \dfrac{cTn}{100 \times 360}$. Si $T = 6, 5, 4\frac{1}{2}, 4$, etc., on a successivement :

$$I = \frac{cn}{6\,000}; \; I = \frac{cn}{7\,200}; \; I = \frac{cn}{8\,000}; \; I = \frac{cn}{9\,000}; \text{ etc.}$$

MANIÈRE D'ABRÉGER LES CALCULS D'INTÉRÊT

443. 1° EMPLOI DU MULTIPLICATEUR FIXE.

Par *multiplicateur fixe*, on *entend l'intérêt d'un* franc en un jour. Cet intérêt a pour formule $\dfrac{I}{36\,000}$. Si I égale 4, la formule devient $\dfrac{4}{36\,000} = \dfrac{1}{9\,000}$; pour 5, elle est $\dfrac{5}{36\,000} = \dfrac{1}{7\,200}$; pour 6, elle est $\dfrac{1}{6\,000}$, etc. Les nombres $\dfrac{1}{9\,000}$, $\dfrac{1}{7\,200}$ et $\dfrac{1}{6\,000}$ sont des multiplicateurs fixes.

Application. *Trouver l'intérêt d'une somme* a, *placée pendant* n *jours, à* 5 % .

$$I = \frac{6\,n}{7\,200}.$$

444. 2° EMPLOI DU DIVISEUR FIXE.

Le *diviseur fixe* n'est autre que le dénominateur de la fraction qui représente le multiplicateur fixe lorsque le taux est 6 $^0/_0$. L'emploi des diviseurs fixes se conçoit de lui-même. *Ce diviseur est 6000.*

Quand on a calculé l'intérêt au moyen de ce diviseur, si le taux est 5 $^0/_0$, on retranche $\frac{1}{6}$; s'il est 4, on retranche $\frac{2}{6}$ ou $\frac{1}{3}$; s'il est $4\frac{1}{2}$, on retranche $\frac{1}{4}$.

Application. *Trouver l'intérêt de 5400 fr. pendant 150 j., à 6 $^0/_0$, 5 $^0/_0$, 4 $^0/_0$, 4 $^1/_2$ $^0/_0$.*

$$\text{A 6 } ^0/_0, \text{ on a } \frac{5400 \times 150}{6000} = 135^f 00;$$

$$\text{A 5 } ^0/_0, \quad \frac{1}{6} \quad \text{en moins} \qquad 22,5 \quad = 112^f 5$$

$$\text{A 4 } ^0/^0, \quad \frac{1}{3} \quad \text{en moins} \qquad 45,0 \quad = \quad 90^f 0$$

$$\text{A 4 } ^1/_2, \quad \frac{1}{4} \quad \text{en moins} \qquad 33,75 \quad = 101^f 25$$

445. 3° MÉTHODE DU NOMBRE.

Le *nombre* est le produit du capital par le nombre de jours. L'intérêt est le quotient du *nombre* par le *diviseur fixe.*

446. 4° EMPLOI DES PARTIES ALIQUOTES.

On appelle *parties aliquotes* des *sous-multiples* d'un nombre. Dans la méthode des parties aliquotes, on cherche des sous-multiples du *diviseur.*

APPLICATION A LA SOLUTION DES QUESTIONS D'INTÉRÊT

1° *Quel est l'intérêt de 4200 fr. à 5 $^0/_0$ pendant 50 jours?*
Le *nombre* est $4200 \times 50 = 210000$;
Le *diviseur fixe.* 7200;

donc $\qquad\qquad\quad I = \dfrac{210000}{7200}$; d'où $2100 : 72$

Au lieu de diviser 2100 par 72, on le divisera d'abord par 9, puis le résultat par 8; or, $2100 : 9 = 233,33$; $233,33 : 8 = 29$ fr. 17.

2° *Quel est l'intérêt de 6400 fr. à 5 $^1/_2$ $^0/_0$ pendant 20 jours?*

Le *nombre* est $6\,400 \times 20 = 128\,000$;

Le multiplicateur fixe, $\dfrac{5,5}{36\,000} = \dfrac{11}{72\,000}$;

donc $\qquad\qquad\mathrm{I} = 128\,000 \times \dfrac{11}{72\,000}$;

mais $\qquad \dfrac{11}{72\,000} = \dfrac{8 + 2 + 1}{72\,000} = \dfrac{1}{9\,000} + \dfrac{1}{36\,000} + \dfrac{1}{72\,000}$;

$$\dfrac{128\,000 \times 11}{72\,000} = \left\{ \begin{array}{l|l} & \quad\; 128\,000 \\ & \quad\times\ \dfrac{11}{72} \\[2pt] \hline 8 & = \dfrac{1}{9} = \quad 14\,222{,}22 \\[4pt] 2\,\big|\,72 & = \dfrac{1}{36} = \quad 3\,555{,}55 \\[4pt] 1 & = \dfrac{1}{72} = \quad\ 1\,777{,}77 \\[2pt] \hline & \qquad\ 19\,555{,}54 \end{array} \right.$$

divisant par $1\,000$, il vient :

$$\mathrm{I} = 19^{\mathrm{f}}\,555.$$

3º *Chercher l'intérêt de* $9\,450$ *fr. placés à* 6 % *pendant* 54 *jours.*

Diviseur fixe, $6\,000$.

$$\mathrm{I} = \dfrac{9\,450 \times 54}{6\,000};$$

$$54 = 30 + 10 + 10 + 2 + 2.$$

$$9\,450 \times \dfrac{54}{6\,000} = \dfrac{9\,000\,(30 + 10 + 10 + 2 + 2)}{6\,000}$$

30 j.	le $\dfrac{1}{200}$ de $9\,450 =$	$47^{\mathrm{f}}25$
10	le $\dfrac{1}{3}$ de $47,25 =$	$15,75$
10	le $\dfrac{1}{3}$ de $47,25 =$	$15,75$
2	le $\dfrac{1}{5}$ de $15,75 =$	$3,25$
2	id. id. $=$	$3,25$
54		$85,25$

4° *Chercher l'intérêt de 9 450 fr. placés à 5 % pendant 67 jours.*

Diviseur, 7 200.

$$I = \frac{9\,450 \times 67}{7\,200};$$

mais
$$67 = 36 + 18 + 9 + 3 + 1;$$

d'où
$$I = \frac{9\,450\,(36 + 18 + 9 + 3 + 1)}{7\,200}$$

$$36 \text{ j. le } \frac{1}{200} \text{ de } 9450 = 47,25$$

$$18 \quad \text{le } \frac{1}{2} \quad - 47,25 = 23,62$$

$$9 \quad \text{le } \frac{1}{2} \quad - 23,62 = 11,81$$

$$3 \quad \text{le } \frac{1}{3} \quad - 11,81 = 3,73$$

$$1 \quad \text{le } \frac{1}{3} \quad - 3,73 = \underline{1,24}$$

$$87,65$$

RÈGLE D'ESCOMPTE

447. On appelle *escompte* la retenue faite sur une somme que l'on paie *avant l'échéance.*

Dans un billet, on considère deux valeurs : la *valeur nominale* et la *valeur actuelle.*

La *valeur nominale* est la *somme écrite* sur le billet.

La *valeur actuelle* serait la *somme* qui, placée à intérêt simple au moment où on escompte le billet, deviendrait à l'échéance (capital et intérêt réunis) *égale à la valeur nominale.*

448. On distingue deux sortes d'escompte : l'*escompte en dehors* ou *commercial;* 2° l'*escompte en dedans* ou *rationnel.*

L'*escompte en dehors* est l'intérêt simple de la *valeur nominale* du billet.

449. *L'escompte en dedans ou rationnel* est l'intérêt de la *valeur actuelle* du billet.

D'après cela, si on appelle a la valeur actuelle et c la valeur nominale d'un billet, i l'intérêt de 1 franc, t le temps, on a la relation : $c = a\,(1 + it)$ (n° 432), d'où $a = \dfrac{c}{1 + it}$.

Si l'on voulait avoir l'escompte seulement, il suffirait de chercher l'intérêt de a ou de son égal $\dfrac{c}{1+it}$, et l'on aurait

esc. $=\dfrac{cit}{1+it}$. Mais cit est précisément l'esc. en dehors (n° 442, (2)).

Donc, l'escompte en dedans est le quotient de l'escompte en dehors par l'expression $1+it$.

450. **Ex.** : *Escompter un billet de* 1000 *fr. payable dans* 60 *jours, le taux étant* 5 %.

1° *Escompte en dehors.* $I = cit$ (n° 442, (2)); donc,

$$\text{Esc.} = 1000 \times 0,05 \times \frac{60}{360} = 8^f33.$$

2° *Escompte en dedans.* Esc. $=\dfrac{cit}{1+it}=\dfrac{1000\times0,05\times\dfrac{60}{360}}{1+0,05\times\dfrac{60}{360}}=8^f26$

OPÉRATIONS DE BOURSE

—

FONDS PUBLICS

451. Les *fonds publics* sont les emprunts de l'État, des départements, des villes.

452. Les *actions* et les *obligations* sont des emprunts publics faits par des compagnies industrielles, commerciales ou financières.

453. La *Bourse* est un établissement public où se négocient les fonds publics, les rentes, les actions, etc.

RENTES SUR L'ÉTAT

454. Les *rentes sur l'État* sont les intérêts payés par l'État pour les sommes qu'il a empruntées à long terme.

Dans les emprunts que font les particuliers, un *capital fixe*, 100 francs, rapporte un *intérêt variable*, qui ne peut excéder 5 francs entre civils, et 6 francs dans le commerce; dans les emprunts que font les États, au contraire, *la rente est fixe*, et le *capital* qui produit cette rente *est variable*.

455. On appelle *cours d'émission* d'une rente le capital qu'il a fallu verser pour avoir une quotité de la rente émise. Ainsi, lorsqu'il faut donner 85 fr. 50 de capital pour avoir 5 francs d'intérêt annuel, le cours d'émission de l'emprunt est 85 fr. 50.

456. On appelle *titres de rentes* les certificats délivrés par l'État, attestant le droit à une rente déterminée. Les titres prennent aussi le nom d'inscription de rente, parce qu'ils sont inscrits sur le grand-livre de la dette publique.

On distingue les TITRES AU PORTEUR, *les* TITRES NOMINATIFS *et les* TITRES MIXTES.

Les titres *au porteur* ne contiennent pas le nom du propriétaire, mais un n° d'ordre ; ils peuvent se transmettre sans aucune formalité.

Les *titres nominatifs* portent le nom du propriétaire. Lui seul peut toucher les intérêts, vendre le titre, etc. Ils ne se transfèrent que par l'intermédiaire d'un agent de change, muni des pouvoirs du propriétaire.

Ces titres ne portent pas de coupons ; leur verso est partagé en cases, qui reçoivent une estampille au moment du paiement des *arrérages* ou des rentes échues.

Les *titres mixtes* sont nominatifs, avec coupons.

457. L'État ne rembourse pas le capital qu'il a emprunté ; lorsqu'on veut le recouvrer, on *vend* la rente à un *cours* qui baisse ou qui hausse, suivant que l'État est dans une situation plus ou moins prospère.

458. Les *bons du trésor* sont des billets négociables à la Bourse, par lesquels l'État emprunte pour les besoins urgents, et qu'il rembourse intégralement à courte échéance. Ils constituent la *dette flottante*, tandis que les rentes constituent la *dette consolidée* ou *dette inscrite*.

459. Les rentes en France sont au nombre de quatre, réparties comme il suit (*) :

taux	rentes
3 %	321 516 000
4 %	456 236
$4\frac{1}{2}$ %	39 750 628
5 %	227 217 780

(*) En 1874.

5

460. Le *pair* de la rente est le *capital nominal* qu'elle représente.

Le *pair* de la rente française, quel qu'en soit le taux, est 100 francs.

Lorsque le numéraire augmente, le taux de la rente tend à diminuer, le pair restant le même. Avant les derniers emprunts français, le gouvernement avait une tendance à baisser le taux légal de l'intérêt, parce que le numéraire était devenu très-abondant. On songeait à convertir toutes les rentes en 3 $^0/_0$. En 1862, les propriétaires de rentes $4\frac{1}{2}$ et 4 $^0/_0$ ont eu la facilité de convertir ces rentes en 3 $^0/_0$, moyennant une soulte, au profit de l'État, de 5 fr. 40 c. par quotité de rente $4\frac{1}{2}$ $^0/_0$, et de 1 fr. 20 par quotité de rente 4 $^0/_0$.

461. La *vente* des inscriptions de rentes se fait à la Bourse par l'intermédiaire des *agents de change,* qui ont le monopole de ces sortes de marchés.

Les agents de change prennent un *courtage* qui est de $\frac{1}{8}$ $^0/_0$, ou $\frac{1}{4}$ $^0/_0$ du capital *réel.* Le *vendeur* et l'*acheteur* paient le courtage.

Ce droit ne s'élève à $\frac{1}{4}$ $^0/_0$ que lorsque le capital est très-faible.

Au courtage, il faut ajouter un droit de timbre de 0 fr. 50 pour tout capital inférieur à 10000 fr., et de 1 fr. 50 pour tout capital de 10000 fr. et au-dessus.

462. La rente ne se vend pas toujours au pair (n° 447), ni au prix du cours d'émission (n° 442). On a vu le 5 $^0/_0$ se vendre 7 francs en 1799, s'élever jusqu'à 126 fr. 30 en 1844, pour retomber à 50 fr. en 1848.

463. Lorsque l'État veut se libérer de ses dettes, ou les *amortir,* il rachète lui-même la rente à la Bourse, comme un capitaliste quelconque. Jamais l'État ne rachète de rentes *au pair* ou *au-dessus* du pair.

464. Les *arrérages* des rentes françaises se paient par le trésor :
Pour le 5 $^0/_0$, par quarts, les 16 février, 16 mai, 16 août, 16 novembre.

Pour le $4\frac{1}{2}$ et le 4 $^0/_0$, par moitiés, les 22 mars et 22 septembre.

Pour le 3 $^0/_0$, par quarts, les 1er janvier, 1er avril, 1er juillet et 1er octobre.

465. Quand on achète de la rente, il faut faire attention à la date de l'échéance des intérêts.

Ainsi, les achats faits les 17 décembre, 17 mars, 17 juin et 17 septembre, ne donnent pas le droit de toucher les arrérages des 1er janvier, 1er avril, 1er juillet et 1er octobre, c'est-à-dire que l'on détache, avant de vendre l'inscription, le coupon qui va être touché; tandis que les achats qui seraient faits les 16 des mois précités donneraient droit à ces arrérages.

Pour le $4\frac{1}{2}$ et le 4 $^0/_0$, le coupon se détache les 7 mars et 7 septembre.

466. Les tableaux du cours de la Bourse indiquent les échéances d'intérêts par ces mots : *j. mars, j. septembre*, etc., qui signifient : jouissance du coupon qui se détache le 22 mars, le 22 septembre, etc.

467. Supposons que, le 16 décembre, le cours de la rente 3 $^0/_0$ soit 59 fr. 25; pour que la rente n'ait subi, le lendemain, ni hausse ni baisse, il faut que le cours soit 59 fr. 25 $-\frac{3}{4}$ de fr. $=$ 58 fr. 50; car, le 16, on doit compter dans le prix du cours, 0 fr. 75 d'intérêt, que l'on aura droit de toucher quelques jours plus tard, et sur lesquels, le 17, l'acheteur n'acquiert aucun droit (n° 465).

468. On distingue les achats de rente *au comptant*, et les achats *à terme*.

Dans les achats au comptant, on reçoit immédiatement les titres; dans les marchés à terme, le vendeur s'engage à livrer les titres à un prix convenu, un *certain temps* après le jour où se fait le contrat.

On peut acheter une somme quelconque de rentes, pourvu qu'elle soit un *nombre entier de francs*, et que l'inscription ne soit pas inférieure à 5 francs.

469. Les *marchés à terme* comprennent les marchés *fermes*, qui sont réellement suivis de leur effet, et les marchés *libres* ou marchés *à prime*, dans lesquels l'acheteur ou le vendeur se réserve d'annuler son marché, moyennant l'abandon d'une *prime* qu'il a versée d'avance, et que son vendeur ou acheteur fera sienne si le contrat est résilié.

On indique la prime à la suite du cours ; ainsi :

La cote 3 $^0/_0$ pr. f. c., 75 fr. 20 d. 0,25, signifie : le 3 $^0/_0$, livrable à la fin du mois, est acheté 75 fr. 20, dont 0,25 de prime pour chaque quotité de 3 fr. de rente.

470. On appelle *report* la convention par laquelle un acheteur *reporte* l'exécution d'un marché ferme d'une liquidation à la suivante.

Pour obtenir le report, on donne une certaine somme, qui prend elle-même le nom de *report*. Ce nom se donne encore à la différence entre le cours du comptant et le cours de la fin du mois.

471. On appelle *déport* un prêt de titres à un vendeur qui est obligé de livrer, et qui ne veut pas acheter. Le vendeur est *à découvert*. Il paie à son prêteur une rétribution à laquelle on donne également le nom de *déport*.

1er **Problème.** *Que coûteront* 1500 *francs de rentes* 3 $^0/_0$ *au cours de* 57,20 ?

$$\frac{57,20}{3} = \frac{x}{1500}; \text{ donc } x = \frac{57,20 \times 1500}{3} = 28\,600 \text{ fr.}$$

A ce capital, il faut ajouter : 1° 1 fr. 5 pour timbre, 2° $\frac{1}{8}$ $^0/_0$ de courtage ; donc, la somme déboursée égale

$$28\,600 + 1,50 + 35,75 = 28\,637 \text{ fr. } 25.$$

2e **Problème.** *A quel taux place son argent un individu qui achète, le* 14 *décembre,* 600 *francs de rentes* 3 $^0/_0$ *au cours de* 58 *fr.* 50 ?

Pour avoir 600 fr. de rentes, il débourse $\dfrac{58,50 \times 600}{3} + 1,50 + \dfrac{58,50 \times 600 \times 0,125}{300} = 11\,716$ fr. 625. De ces 11 716 fr. 625, il faut retrancher le coupon de janvier auquel l'acheteur a droit, soit $\dfrac{600}{4} = 150$ fr. Donc, il débourse en réalité 11 566 fr. 625. Or il touche ses rentes en quatre fois ; par conséquent il a 150 fr. qui peuvent être placés pendant 9 mois, puis 150 fr. pendant 6 mois, puis 150 fr. pendant 3 mois, ce qui revient à 150 fr. placés pendant 18 mois. Si l'on admet que cet argent est placé au taux légal, 5 $^0/_0$, il rapporte $\dfrac{5 \times 150 \times 18}{100 \times 12} = 11,25$. Donc, 11 563^f 625 rapportent 600^f + 11^f 25, ou 611 fr. 25 c. ; 1 fr. rapportera 11 563,625 fois moins, ou $\dfrac{611,25}{11\,563,625}$; et 100 fr. rapporteront 100 fois plus, ou $\dfrac{611,25 \times 100}{11\,563,625} = 5$ fr. 28.

3e Problème. *Je vends, le 1er décembre, 3000 francs de rentes 3 %/0 au cours de 65 fr., livrables le 1er janvier; le 14 décembre, j'achète pareille rente au cours de 65 fr. 25 au comptant. Ai-je perdu ou gagné sur ces deux marchés?*

1° J'ai retiré $\dfrac{65 \times 3000}{3} = 65\,000$;

Déboursé pour courtage et timbre .... 82 fr. 75

J'ai donc reçu en réalité .... $\overline{64\,917\ \text{fr. 25.}}$

2° J'ai déboursé $\dfrac{65,25 \times 3000}{3} = 65\,250$

Plus (courtage et timbre) .... 83 fr. 06

Total de ce que j'ai déboursé .... $\overline{65\,333\ \text{fr. 06.}}$

Je retire $\dfrac{3000}{4}$ arrérages de janvier; donc, en résumé, cette rente ne me coûte que $65\,333,06 - \dfrac{3000}{4} = 64\,583$ fr. 06.

Or, de la vente effectuée le 1er décembre, j'ai retiré 64 917 fr. 25; donc mon bénéfice égale

$$64\,917,25 - 64\,583,06 = 334 \text{ fr. 19.}$$

ACTIONS ET OBLIGATIONS

472. Les *actions* sont le fonds social d'une entreprise.

473. Les *obligations* sont des prêts faits aux villes, aux départements, aux compagnies.

L'*actionnaire* est un véritable propriétaire, qui bénéficie de tous les avantages réalisés par l'entreprise, mais qui peut perdre son capital en tout ou en partie, si l'entreprise n'aboutit pas ou n'aboutit qu'incomplétement.

L'*obligataire* ne court aucun risque, tant que la compagnie est solvable; on lui garantit le service d'un intérêt fixe et le remboursement du capital dans des conditions déterminées.

Les actions donnent droit à un *intérêt fixe* : tant pour %/0, et à une part proportionnelle dans le bénéfice net réalisé par la société après le service des frais d'administration, des intérêts des obligations, de l'amortissement, des intérêts des actions, etc.

Cette part proportionnelle est appelée *dividende*.

C'est de la valeur des dividendes servis par chaque entreprise que dépend le prix des actions.

Les actionnaires, dans certaines entreprises, continuent à jouir des dividendes jusqu'à la liquidation de la société, même après le remboursement de leurs titres, alors les actions prennent le nom d'*actions de jouissance.*

Lorsque les départements ou les communes s'adressent au public pour leurs emprunts, ils émettent des actions et des obligations comme les compagnies.

474. Les actions et les obligations peuvent être *nominatives* ou au *porteur.* Dans ce dernier cas, elles sont divisées en *coupons,* que l'on détache tous les six mois, aux époques des paiements.

Les compagnies, les départements et les communes se libèrent de leurs emprunts par le remboursement des actions et des obligations.

On tire, chaque année, les numéros d'un certain nombre d'actions et d'obligations qui doivent être remboursées, de manière à éteindre la dette dans un espace de temps déterminé.

Les obligations sont quelquefois remboursées avec *prime* ou avec *lots* : 1° *avec prime,* quand, à la valeur nominale des obligations sortantes, on ajoute une certaine somme; ainsi, des obligations nominales de 500 fr. se remboursent à 600 fr. avec 100 fr. de prime ; 2° *avec lots,* quand, à un certain nombre des premiers numéros sortants, lors du tirage des obligations, sont affectées des sommes déterminées, comme dans une loterie. Il y a parfois des lots de 10 000 fr., 20 000 fr., 100 000 fr., 300 000 fr.

475. Les actions et les obligations se négocient à la Bourse, comme les rentes sur l'État, par l'intermédiaire des agents de change.

Les titres nominatifs paient, outre le timbre et le courtage, un *impôt de mutation* de 0,20 $^0/_0$ de leur valeur réelle.

Pour les titres au porteur, il y a un *impôt annuel* de 0,12 $^0/_0$ calculé sur le cours moyen de l'année précédente.

Les titres étrangers paient un *droit de mutation* de 1 $^0/_0$ de leur valeur nominale.

PARTAGES PROPORTIONNELS

476. La règle des *partages proportionnels* a pour but de partager un nombre donné en parties proportionnelles à d'autres nombres donnés.

RÉPARTITION PROPORTIONNELLE SIMPLE

1er **Ex.** *Partager* 4800 *en parties proportionnelles aux nombres* 3, 4 *et* 5.

Désignons par x, y et z les trois parties ; on aura $\dfrac{x}{3} = \dfrac{y}{4}$ $= \dfrac{z}{5}$; par suite, $\dfrac{x+y+z}{3+4+5} = \dfrac{4800}{3+4+5} = \dfrac{x}{3} = \dfrac{y}{4} = \dfrac{z}{5}$;

d'où $x = \dfrac{4800 \times 3}{12}$;

d'où $y = \dfrac{4800 \times 4}{12}$;

d'où $z = \dfrac{4800 \times 5}{12}$.

477. Règle. *On multiplie le nombre à partager par chacun des nombres proportionnels, et l'on divise les produits par la somme de ces nombres.*

2ᵉ Ex. *Partager 540 en parties proportionnelles aux nombres* $\dfrac{1}{2}$, $\dfrac{2}{3}$, $\dfrac{5}{6}$.

Après avoir réduit ces trois fractions au même dénominateur, on peut écrire les rapports $\dfrac{\frac{x}{6}}{12} = \dfrac{\frac{y}{8}}{12} = \dfrac{\frac{z}{10}}{12}$; ces rapports seront encore égaux lorsqu'on les aura multipliés par 12, et l'on aura :

$$\frac{x}{6} = \frac{y}{8} = \frac{z}{10} = \frac{x+y+z}{6+8+10} = \frac{540}{24}. \text{ Donc,}$$

$$x = \frac{540}{24} \times 6 ; \quad y = \frac{540}{24} \times 9 ; \quad z = \frac{540}{24} \times 10.$$

478. Règle. *Pour partager un nombre en parties proportionnelles à des fractions, on réduit ces fractions au même dénominateur, et l'on partage le nombre en parties proportionnelles aux numérateurs.*

3ᵉ Ex. *Soit à partager la somme de 25 000 fr. entre 4 enfants âgés de 12, 14, 16 et 18 ans, de manière qu'au moment où ils atteindront leur majorité (21 ans), ils aient la même somme. On supposera que chaque enfant place dès maintenant, et jusqu'à sa majorité, son argent à 5 %.*

Représentons par x, y, z et u les parts respectives de ces enfants. A l'époque de la majorité de chacun, ces sommes seront :

$$x + \frac{x \times 5 \times 9}{100} = \frac{145\,x}{100};$$

$$y + \frac{y \times 5 \times 7}{100} = \frac{135\,y}{100};$$

$$z + \frac{z \times 5 \times 5}{100} = \frac{125\,z}{100};$$

$$u + \frac{u \times 5 \times 3}{100} = \frac{115\,u}{100}.$$

D'où $145\,x = 135\,y = 125\,z = 115\,u$; d'où $\dfrac{x}{y} = \dfrac{135}{145}$; donc $y = \dfrac{145}{135}\,x$; de même $z = \dfrac{145}{125}\,x$; $u = \dfrac{145}{115}\,x$. On retombe dans le cas précédent.

4e **Ex.** *Un testateur laisse* 3960 *francs à ses* 3 *cousins, qui ont respectivement* 28 *ans,* 24 *ans et* 14 *ans, à condition qu'ils se partageront cette somme en parties inversement proportionnelles à leur âge. Combien revient-il à chacun ?*

Le 1er aura $\dfrac{1}{28}$ de ce qu'aurait un cousin âgé de 1 an, le 2^e $\dfrac{1}{24}$, et le 3^e $\dfrac{1}{14}$; donc les parts seront respectivement entre elles comme les fractions $\dfrac{1}{28}$, $\dfrac{1}{24}$ et $\dfrac{1}{14}$. (Voir n° 477, 2e Ex.)

RÈGLE DE RÉPARTITION PROPORTIONNELLE COMPOSÉE

479. Dans la règle de répartition proportionnelle composée, les termes des proportions peuvent être formés de plusieurs facteurs.

Ex. *4 ouvriers ont travaillé* 6 *jours de* 10 *heures à un certain ouvrage ;* 3 *autres ouvriers ont travaillé* 5 *jours de* 11 *heures au même ouvrage. Quelle somme chaque groupe d'ouvriers recevra-t-il, sachant que l'ouvrage est estimé* 180 *francs ?*

La somme de 180 francs sera partagée aux deux groupes d'ouvriers en parties proportionnelles aux nombres d'heures de travail que chaque groupe a fournies ; donc on a : $\dfrac{x}{10 \times 6 \times 4} =$ $\dfrac{y}{11 \times 5 \times 3}$; par suite, $\dfrac{x + y}{(10 \times 6 \times 4) + (11 \times 5 \times 3)} =$ $\dfrac{180}{(10 \times 6 \times 4) + (11 \times 5 \times 3)}$ (Voir n° 476, 1er Ex.)

RÈGLE DE SOCIÉTÉ

480. La *règle de société* a pour but la répartition équitable, entre plusieurs associés, des bénéfices ou des pertes qu'ils ont faits.

La règle de société n'est qu'une règle de partages proportionnels.

Les bénéfices ou les pertes doivent être partagés proportionnellement aux capitaux et aux temps pendant lesquels ils ont été engagés dans l'entreprise.

1er Ex. *Trois associés ont fait un bénifice de* 18000 *fr.; quelle part chacun en retirera-t-il, sachant que le* 1er *avait engagé* 20000 *fr., le* 2e 30000, *et le* 3e 36000 *dans l'entreprise ?*

On partagera 18000f proportionnellement aux nombres 20000, 30000 et 36000. (Voir n° 476, 1er Ex.)

2e Ex. *Trois associés ont mis dans une entreprise le* 1er, 4000 *fr. pour* 3 *ans; le* 2e, 7000 *fr. pour* 2 *ans, et le* 3e, 4500 *fr. pour* 4 *ans; ils ont réalisé* 3600 *fr. de bénéfice : quelle part chacun en aura-t-il ?*

Ils doivent jouir du même bénéfice que s'ils avaient mis :

Le 1er 4000 $\times$ 3 $=$ 12000 fr. pour 1 an ;

Le 2e 7000 $\times$ 2 $=$ 14000 fr. pour 1 an ;

Le 3e 4500 $\times$ 4 $=$ 18000 fr. pour 1 an.

On partagera donc 3600 fr. en parties proportionnelles aux nombres 12000, 14000 et 18000, ou 6, 7, 9.

RÈGLE DE MÉLANGE

481. La *règle de mélange* a pour but : 1° de trouver le prix d'un mélange en connaissant les quantités et les prix respectifs des substances qui le composent; 2° de déterminer dans quelles proportions on doit mélanger des substances pour que leur prix moyen soit égal à une valeur déterminée.

1er **Cas. Ex.** *On a mélangé* 100 *lit. de vin à* 0,50 *avec* 60 *lit. à* 0,80 *et* 30 *lit. d'eau.*
On demande le prix du litre du mélange.

$$100 \text{ lit. à } 0,50 \text{ valent } 0,50 \times 100 = 50;$$
$$60 \; - \quad 0,80 \quad - \quad 0,80 \times 60 = 48;$$
$$30 \; - \quad 0,00 \quad - \quad 0,00 \times 30 = 0.$$

Donc, 1 lit. du mélange vaut $\dfrac{98}{190} = 0,515$.

2e **Cas. Ex.** *Combien faut-il mêler d'une liqueur à* 2 *fr.* 40 *le lit. avec* 100 *lit. de liqueur à* 3 *fr., pour que l'on puisse vendre le litre de mélange* 2 *fr.* 60 *sans perdre ni gagner?*

$$\text{Dispositions des données } \begin{cases} 2,40 & \quad 0,20 \\ & 2,60 \\ 3 & \quad 0,40 \end{cases}$$

Quand on vend 2,60 ce qui coûte 2,40, on gagne 0,20; quand on vend 2,60 ce qui coute 3 fr., on perd 0,40.

1° Raisonnement par les proportions :

Représentant par x et par y les nombres de litres que l'on doit prendre à 2^{f}40 et à 3 fr., on doit avoir :

$$x \times 0,20 = y \times 0,40 :$$

d'où $\quad \dfrac{x}{y} = \dfrac{40}{20}$

et $\quad \dfrac{x}{100} = \dfrac{40}{20}$; d'où $x = 200$.

2° Raisonnement par l'unité :

Quand on prend 20 lit. à 3 fr., on en prend 40 à 2 fr. 40; si on ne prenait qu'un lit. à 3 fr., on en prendrait $\dfrac{40}{20}$ à 2 fr. 40; puisqu'on en met 100 à 3 fr., on en prendra $\dfrac{40}{20} \times 100$ à 2 fr. 40.

482. Il se pourrait que l'on eût à mélanger plus de deux substances de valeur différente ; dans ce cas, le problème est indéterminé, c'est-à-dire qu'il admet plusieurs solutions.

Ex. *On a, dans un tonneau, 30 lit. de vin à 0,80 ; on veut remplir ce tonneau, qui est de 400 lit., avec des vins à 0,75, 0,65, 0,55 et 0,45, de manière à obtenir du vin que l'on vende 0,69 en gagnant 15 % sur le prix de revient. Combien prendra-t-on de litres de chaque sorte ?*

Puisque l'on gagne 15 % sur le prix de revient, c'est que le prix de revient est seulement égal à

$$\frac{100 \times 0,69}{115} = 0,60$$

Les 30 litres qui restent dans le tonneau sont d'un prix supérieur à 0,60 ; il faudrait donc effectuer le mélange de ces 30 lit. avec du vin à un prix inférieur à 0,60 ; mais le problème indique 2 sortes de vin à un prix inférieur à 0,60 ; rien n'oblige à prendre plutôt du vin à 0,45 qu'à 0,55.

Si l'on se décide pour 0,45, par exemple, après que l'on a retranché de 400 lit. (contenance du tonneau) les 30 lit. qui y sont et les 40 autres qu'on y met, il reste à former 330 lit. avec des vins à 0,75, à 0,65, à 0,45 et à 0,55.

On peut prendre une quantité quelconque à un certain prix — 0,75, par exemple — au-dessus du prix de revient, et la compenser avec du vin à un prix inférieur — 0,55, par exemple — ; puis la question restera encore indéterminée, car on pourra prendre de nouveau du vin à 0,75 ou à 0,55 pour le mêler à du vin à 0,45 ou à 0,65.

D'ordinaire, on résout ces sortes de problèmes en prenant un même nombre de litres de chacun des prix supérieurs au prix de revient que l'on mêle à un nombre correspondant de litres de chacun des prix inférieurs.

Ainsi, dans l'exemple proposé, on mêlera d'abord les 30 lit. de vin à 0,80 avec du vin dont la différence de prix avec le prix moyen est la plus rapprochée de 0,80 — 0,60 ; on prendra donc du vin à 0,45.

$$
\begin{array}{ll}
0,80 & 20 \\
\quad\ 0,60 & \\
0,45 & 15
\end{array}
$$

Quand on prend 20 lit. à 0,45, on en prend 15 à 0,80 ; donc $\dfrac{x}{30} = \dfrac{20}{15}$; d'où $x = 40$.

Puis, on dispose les nombres comme il suit :

(On suppose que l'on n'en prend plus à 0,45.)

$$\begin{array}{lll} 0,75 & 15 \\ 0,65 & 5 \end{array}\Big\} = 20$$

$$0,60$$

$$0,55 \qquad 5 \times 2 = \dfrac{10}{\overline{30}}$$

Pour chaque litre à 0,55, on gagne 0,05 ;

—   —   0,65, on perd 0,05 ;

—   —   0,75,   —   0,15 ;

Donc, si l'on prend 20 lit. à 0,55, on gagnera $0,05 \times 20 = 1$.

Si l'on prend 5 lit. à 0,65 et 5 à 0,75, on perdra $(0,05 \times 5) + (0,15 \times 5) = 1$;

Donc, sur 30 de mélange, on en prend 20 à 0,55 ; sur 330, on en prendra $\dfrac{20 \times 330}{30}$.

De même, on en prendra $\dfrac{5 \times 330}{30}$ à 0,65, et autant à 0,75.

(Pour avoir plus de détails, voyez le *Traité d'Arithmetique décimale* (Livre du Maître), par F. P. B , page 436 et suiv.)

RÈGLE D'ALLIAGE

1er **Ex.** *On a fondu ensemble deux lingots d'argent ; le 1er pèse 1 200 grammes, il est au titre de 0,850 ; le 2e, au titre de 0,920, pèse 2 000 grammes : quel sera le titre de l'alliage ?*

$1 200 \times 0,850 = 1 020$ grammes, poids de l'argent pur du 1er lingot ;

$2 000 \times 0,920 = 1 840$ grammes, poids de l'argent pur du 2e lingot ;

$1 020 + 1 840 = 2 860$, poids de l'argent pur contenu dans le lingot unique, qui pèse $1 200 + 2 000 = 3 200$; donc, le titre de l'alliage sera $\dfrac{2 860}{3 200} = 0,893$.

2e **Ex.** *Combien faut-il prendre de deux lingots d'or, dont le 1er est au titre de 0,800 et l'autre au titre de 0,950, pour composer un lingot de 2 kilog. au titre de 0,910 ?*

$$\begin{array}{ll} 0,800 & 0,110 \\ & 0,910 \\ 0.950 & 0,040 \end{array}$$

Ainsi, dans le 1er lingot, il y a 0,110 d'or de moins que dans l'alliage que l'on veut obtenir; dans le 2e, il y en a 0,040 en plus. Si donc on représente par x et y les quantités à prendre aux titres de 0,800 et de 950, on aura : $x \times 40 = y \times 110$, et $\frac{x}{y} = \frac{110}{40}$.

Ce problème revient à partager 2 kilog. en parties proportionnelles à 110 et 40 ou à 11 et 4; on aura donc :

$$\text{Au titre de } 0,800, \; 2000 \times \frac{4}{15} = 533 \text{ gr. } 33;$$

$$\text{Au titre de } 0,950, \; 2000 \times \frac{11}{15} = 1466 \text{ gr. } 66.$$

RÈGLE D'ÉCHÉANCE MOYENNE

483. *La règle d'échéance moyenne, ou règle du temps pour les paiements*, a pour but de déterminer les conditions dans lesquelles on peut remplacer plusieurs paiements à échéances diverses par un paiement unique.

1er **Cas. Problème.** *Quelle est l'échéance moyenne des 4 effets suivants : 3000 fr. au 15 mars; 5000 fr. au 1er mai; 2500 fr. au 18 avril; 3400 fr. au 25 juin?*

1re **Solution.** On n'indique pas ici de quelle date on doit partir pour faire les calculs; si les billets ont été souscrits tous les quatre à une même date, au 1er mars, par exemple, on cherche quelle somme, placée pendant un jour, rapporterait le même intérêt que les diverses sommes pendant le temps qui reste à courir depuis le 1er mars jusqu'à l'échéance de chaque effet.

3000 f. en 15 j.	rapportent autant que		$3000 \times 15 =$	45000	en 1 j.
5000 — 46	—	—	$5000 \times 46 =$	230000	—
2500 — 34	—	—	$2500 \times 34 =$	85000	—
3400 —102	—	—	$3400 \times 102 =$	346800	—
13900 — x	—	—		706800	—

Donc $13900\, x = 706800$; $x = \dfrac{706800}{13900} = 50$ j. $\dfrac{118}{139} = 51$ jours.

2e **Solution.** Si l'on n'indiquait pas l'époque où les effets ont été souscrits, on pourrait prendre, pour point de départ, une date quelconque, par exemple, l'échéance de l'effet dont la date est la plus rapprochée; dans le cas présent, ce serait le 15 mars; on aurait :

3 000 en 0 j.	rapportent autant que	$3\,000 \times 0 =$	0	en 1 j.
5 000 — 31	—	—	$5\,000 \times 31 =$	155 000	—
2 500 — 19	—	—	$2\,500 \times 19 =$	47 500	—
3 400 — 87	—	—	$3\,400 \times 87 =$	295 800	—
13 900 — x	—	—	$13\,900 \times x =$	498 300	—

D'où $x = \dfrac{498\,300}{13\,900} = 35\,\dfrac{118}{139}$ ou 36 jours après le 15 mars.

On remarquera l'identité de ce résultat avec celui de la 1re solution.

2e Cas. Problème. *Dans quel rapport doivent être des sommes à l'échéance du 12 avril et du 15 mai, pour pouvoir être soldées en une fois, le 1er mai?*

1re Solution. On suppose les effets souscrits le 1er avril.

Pour la somme payable le 12 avril, il restait à courir	12 jours
— — 1er mai, — —	30 —
— — 15 mai, — —	45 —

Or, du 12 avril au 1er mai il y a $30 - 12 = 18$ j.; et, du 1er mai au 15, il y a 15 jours, ou $45 - 30$.
Donc, les sommes sont entre elles comme 15 est à 18.

2e Solution. On prend le 12 avril pour point de départ.

Pour la somme à l'échéance du 12 avril, il reste à courir	0 jour
— — 1er mai, —	18 —
— — 15 mai, —	33 —

Or, du 12 avril au 1er mai, il y a $18 - 0 = 18$ jours; et du 1er mai au 15 mai, il y a $33 - 18 = 15$ jours.

Résultat identique à celui qui a été fourni par la 1re solution.

RÈGLE CONJOINTE

484. La *règle conjointe* est une règle dans laquelle on détermine le rapport entre le premier et le dernier terme de plusieurs rapports dépendant les uns des autres.

1er Ex. 15 *pistoles d'Espagne valent environ* 76 *roubles* $\frac{2}{5}$; *le rouble vaut* 100 *kopecks (Russie); 125 kopecks valent*

19 *réaux (Espagne)*; 25 *réaux valent* 6 *fr.* 63 *cent.*; *combien
la pistole vaut-elle de francs?*

$$15 \text{ pistoles } = 76 \frac{2}{5} \text{ roubles;}$$
$$1 \text{ rouble } = 100 \text{ kopecks;}$$
$$125 \text{ kopecks } = 19 \text{ réaux;}$$
$$25 \text{ réaux } = 6 \text{ fr. } 63;$$
$$x \text{ francs } = 1 \text{ pistole.}$$

Multipliant membre à membre toutes ces égalités, il vient :

$$15 \times 1 \times 125 \times 25 \times x = 76 \frac{2}{5} \times 100 \times 19 \times 6 \times 1;$$

$$\text{D'où } x = \frac{76 \frac{2}{5} \times 100 \times 6 \times 1}{15 \times 1 \times 125 \times 25}.$$

2º **Ex.** *Un propriétaire livre 45 Hl. de blé contre 76 quin-
taux de pommes de terre qui valent 5 fr. 80 les 50 kilog. Quel
prix a-t-il retiré du double-décalitre de blé?*

$$x \text{ francs } = 1 \text{ double-décalitre;}$$
$$5 \text{ double-décal. } = 1 \text{ Hl. de blé;}$$
$$45 \text{ Hl. de blé } = 76 \text{ quint. de pommes de terre;}$$
$$1 \text{ quint. } = 100 \text{ Kg.;}$$
$$50 \text{ Kg. } = 5 \text{ fr. } 80.$$

$$\text{D'où } x = \frac{1 \times 1 \times 76 \times 100 \times 5,80}{5 \times 45 \times 1 \times 50}.$$

485. Règle. *On écrit toutes les égalités fournies par l'énoncé,
on les multiplie membre à membre, et l'on tire de la nouvelle
égalité la valeur de l'inconnue. Le premier membre de chaque
égalité contient des unités de même espèce que le dernier
membre de la précédente.*

CHANGE

486. On donne le nom *de change* à l'opération de banque par
laquelle on fait passer une somme d'une ville à une autre au
moyen de billets appelés *Lettres de change, Traites, Remises.*

Le *change* se fait par l'intermédiaire des banquiers, qui prennent un *tant* pour cent de commission.

On distingue le *papier court*, dont l'échéance ne passe pas
15 jours, et le *papier long*, dont l'échéance dépasse 15 jours.

Un *effet est à vue* lorsqu'il doit être payé au moment où il doit
être présenté au débiteur.

487. Le *change intérieur* est celui qui se pratique entre places de même monnaie : entre Paris, Lyon, Bruxelles, Rome, etc.

Le *change extérieur* est celui qui se fait entre places de monnaie différente : entre Paris et Berlin, entre Rome et Saint-Pétersbourg ; entre Bruxelles et Madrid.

Dans le change intérieur, le cours des lettres de change s'estime à *tant pour cent* de bénéfice ou de perte sur leur *valeur nominale*.

Voici une lettre de change de Reims sur Paris, d'une valeur nominale de 450 francs ; à Reims, on m'annonce que le change sur Paris est à $\frac{1}{4}$ % de perte ; cela signifie que l'on prendra cette lettre pour $450 - 450 \times \dfrac{0{,}25}{100} = 448{,}875$.

Le cours du change intérieur serait au pair si le bénéfice et la perte étaient nuls.

Lorsque deux places de monnaie différente ont un change ouvert, l'une donne à l'autre une quantité fixe de sa monnaie en échange d'une somme variable.

La *quantité fixe* est le *certain*; la *quantité variable* est l'*incertain*. Paris cède l'*incertain* et se réserve le *certain*.

Ainsi, il donne à Londres, pour une livre sterling, valeur fixe, 25 fr., ou 25 fr. 10, ou 25 fr. 20, ou 24 fr. 80, etc., suivant les circonstances. S'il donne 25 fr., 25 fr. est le cours du change.

Le *change extérieur* est au *pair intrinsèque* lorsque la valeur du métal qui entre dans les deux monnaies échangées est la même de part et d'autre.

488. On distingue :

Le *change direct,* qui se fait sans l'intermédiaire d'une autre place.

Le *change indirect,* qui se fait avec l'intermédiaire d'une autre place.

On nomme *arbitrage* le choix des places par l'intermédiaire desquelles il est avantageux de faire le change.

1er **Problème.** *Un négociant de Paris reçoit de Londres une lettre de change de 183 livres sterling 12 scehllings, à 30 jours. Que vaut cette lettre de change, le cours moyen du change étant 25,245, et l'escompte 3 % par an ?*

La valeur est $\left(25{,}245 - \dfrac{(25{,}245 \times 3 \times 30)}{36\,000}\right)$ 183 liv. 12 sch.

$= 4623$ fr. 39 cent.

2ᵉ **Problème.** *Une banque de Paris a recouvré sur Londres une somme de 1500 livres sterling. En supposant que la place de Londres cote le Hambourg 13 marc-banco 9 sch. pour 1 livre sterling ; le Vienne, 9 florins 76 pour une livre sterling, et le Lisbonne 51 $\frac{3}{8}$ pences sterling pour 1000 reis ; quelle voie a dû prendre le banquier, et quel bénéfice a-t-il réalisé sur la voie directe ? On suppose que le cours moyen sur Londres égale 25 fr. 245.*

Le cours de la livre sterling par Hambourg est donné par la conjointe suivante :

$$x = \quad 1 \text{ liv. sterl. ;}$$

$$1 \text{ liv. sterl.} = 13 \text{ marc-banco } \frac{9}{16} \text{ ;}$$

$$100 \text{ marc-b.} = 185 \text{ fr. } \frac{1}{8} \text{ (valeur métal. du pair intr.)}$$

$$\text{d'où } x = 25 \text{ fr. 107.}$$

Donc on ne prendra pas la voie de Hambourg, qui ferait perdre 25,245 — 25,107 sur chaque liv. sterl.

Le cours de la liv. sterl. par Vienne est donné par la conjointe suivante :

$$x = \quad 1 \text{ liv. st. ;}$$

$$1 \text{ liv. st.} = \quad 9 \text{ florins 76 ;}$$

$$100 \text{ flor.} = 250 \text{ fr. (valeur métallique intrins.) ;}$$

$$\text{d'où } x = 24 \text{ fr. 40.}$$

Donc on ne saurait prendre la voie de Vienne, qui ferait perdre 25,245 — 24,40 par liv. sterl.

Le cours de la liv. sterl. par Lisbonne se donne par la conjointe suivante :

$$x = \quad 1 \text{ liv. sterl. ;}$$

$$1 \text{ liv. sterl.} = 240 \text{ pences ;}$$

$$51 \frac{3}{8} \text{ pences.} = 1000 \text{ reis ;}$$

$$1000 \text{ reis} = \quad 5 \text{ fr. 50 } \frac{1}{4} \text{ ;}$$

$$\text{d'où } x = 25 \text{ fr. 705.}$$

Le négociant a dû choisir la voie de Lisbonne, qui lui a fait réaliser un bénéfice de

$$(25,705 - 25,245)\ 1500 = 690\ \text{fr.}$$

Si le négociant avait dû verser à Londres au lieu d'y toucher, il aurait pris la voie de Vienne.

BANQUES EN GÉNÉRAL

489. Les *banques* sont des établissements de crédit qui se chargent, pour le compte d'autrui, d'effectuer des paiements et des recouvrements, qui achètent et revendent des effets de commerce, des effets publics.

Les *comptoirs d'escompte* sont des établissements qui escomptent les effets de commerce et se chargent de faire les recouvrements.

BANQUE DE FRANCE

490. La Banque de France est une vaste institution financière qui offre les plus sérieuses garanties à cause de la surveillance exercée par l'État sur ses opérations.

La Banque de France a, seule, en France, le privilége d'émettre des *billets de banque*.

Ces billets sont de véritables *effets au porteur* qui doivent être garantis par l'encaisse métallique, les dettes actives, les immeubles et autres possessions de la Banque. Toutefois, l'État permet à la Banque de mettre en circulation des billets pour une valeur supérieure à celle de la garantie effective. Le reste a pour appoint la garantie morale.

On a toujours le droit, sauf le cas où les billets ont cours forcé, de se faire verser en métal la valeur des billets de banque ; on s'adresse, pour cela, à la Banque, à Paris, ou à ses succursales en province.

Dans le cas où la monnaie courante en circulation est insuffisante pour les besoins du commerce, l'État peut déclarer que les billets de banque auront cours forcé ; dans ce cas, on ne peut refuser de les recevoir en paiement dans les relations privées ni dans les caisses publiques.

491. Dans quelques États, les banques privées émettent des billets de banque ; ces billets ne sont pas reçus dans les caisses

publiques, et n'ont de faveur, dans le commerce, qu'en proportion de la confiance qu'inspire l'établissement qui les met en circulation.

492. Le capital de la Banque de France est de 182 500 000 fr.; il est représenté par 182 500 actions de 1000 fr.

Les actions de la Banque reçoivent 30 francs d'intérêt par semestre; elles ont en outre une part dans les bénéfices : c'est le dividende.

Les intérêts se paient le 1er janvier et le 1er juillet.

Le dividende total ne comprend ordinairement que les $\frac{2}{3}$ du bénéfice net; l'autre $\frac{1}{3}$ est prélevé et constitue un fonds de réserve qui permettrait de servir aux actionnaires l'intérêt légal de 6 $^0/_0$, alors même que les bénéfices d'une période semestrielle n'y suffiraient pas. Lorsque le fonds de réserve est au complet, le dividende comprend la totalité du bénéfice net.

Les actions de la Banque sont nominatives; elles paient un droit de courtage de $\frac{1}{8}$ $^0/_0$ pour les transferts au comptant; pour les affaires à terme, lorsqu'elles se négocient par 25 actions, ou par multiples de 25 actions, il est prélevé un courtage fixe de 2 francs par titre.

493. Le mouvement général des caisses de la Banque et de ses succursales s'élève annuellement à environ 30 à 40 milliards.

La Banque escompte les effets de commerce dont l'échéance ne dépasse pas 3 mois, pourvu qu'ils soient timbrés et signés par trois personnes reconnues solvables. Elle reçoit, en compte courant, mais sans donner d'intérêt, les sommes qui lui sont confiées par les particuliers ou par les sociétés.

Elle prête, avec garantie sur fonds publics français, actions ou obligations de chemins français, lingots, etc., et elle reçoit en dépôt des titres, lingots, etc., moyennant un droit de $\frac{1}{4}$ $^0/_0$ l'an.

Dans ces escomptes, la Banque peut dépasser le taux légal de 6 $^0/_0$; elle a porté le taux de l'escompte jusqu'à 7, 8, et même 10 $^0/_0$.

QUESTIONS SUR LES PROPORTIONS
ET LES RÈGLES QUI EN DÉPENDENT

1° Dans une suite de rapports égaux, la somme des antécédents est à la somme des conséquents, comme un antécédent est à son conséquent.

2° Quel est le plus juste des deux escomptes : le rationnel ou le commercial ?

3° Dans deux proportions, si les antécédents sont égaux, les conséquents sont proportionnels ; si les conséquents sont égaux, les antécédents sont proportionnels.

4° Dans deux proportions, si les extrêmes sont égaux, les moyens sont réciproquement proportionnels ; si les moyens sont égaux, les extrêmes sont réciproquement proportionnels.

5° Sachant qu'une somme doit être partagée entre 4 personnes qui doivent avoir respectivement : $\frac{1}{4}$, $\frac{2}{3}$, $\frac{3}{5}$ et $\frac{1}{2}$ de la somme, dites comment on opèrera le partage.

6° Une ville assiégée a des vivres pour m jours ; il faut qu'elle tienne n jours de plus. A combien faut-il réduire la ration, qui n'est en ce moment que les $\frac{3}{5}$ d'une ration ordinaire ?

7° Lorsque n nombres a, b, c,.... l sont inégaux, le quotient de leur somme par n est une moyenne entre les nombres.

8° Lorsque les deux moyens d'une proportion sont égaux, ils sont une moyenne entre les extrêmes.

9° La moyenne géométrique de deux nombres est plus petite que leur moyenne arithmétique.

10° La somme du plus grand et du plus petit terme d'une proportion est plus grande que la somme des deux autres.

11° La racine carrée de la somme des carrés des antécédents est à la racine carrée de la somme des conséquents comme un antécédent est à son conséquent.

12° Un robinet donne n litres en a heures ; un autre m litres en b heures ; ils remplissent un bassin qui contient c litres. Combien chacun en a-t-il versé ?

13° Un robinet remplirait un bassin en a heures ; un autre en b heures ; un 3° le viderait en c heures ; ils coulent tous trois ensemble. Quand le bassin sera-t-il rempli ? Examiner ce que devient la question si c est égal ou supérieur à $\frac{1}{a} + \frac{1}{b}$.

14° Dans quelle proportion alliera-t-on de l'or à 0,95 et à 0,800 pour l'avoir au titre légal des pièces de monnaie ?

15° On veut que le rapport $\frac{2}{3}$ devienne $\frac{13}{25}$; quel nombre faut-il ajouter à ses deux termes ?

16° Un travail dont la difficulté est représentée par $\frac{3}{5}$ a été fait par 6 ouvriers en un jour. Quelle serait la difficulté d'un travail fait dans le même temps par 11 ouvriers également actifs ?

17° Sept ouvriers travaillant 11 heures par jour, pendant 20 jours, ont fait un travail dont la difficulté est représentée par 7 ; la force et l'activité de ces ouvriers étant représentées par 9, combien faudrait-il de jours à 12 ouvriers dont l'activité serait 11, travaillant 10 heures, pour faire un travail qui serait les $\frac{15}{13}$ de celui qu'ont fait les premiers, la différence de ce travail étant représentée par 8 ?

18° Deux ouvriers ont travaillé ensemble à un certain ouvrage, pendant 6 jours. Seul, le premier aurait terminé le travail en 13 jours ; le second, en 17 ; après le 6ᵉ jour de travail, le premier reste seul. Sachant qu'ils ont reçu 125 fr. et qu'ils ont été payés proportionnellement à leur activité connue, dites ce que chacun d'eux a reçu.

19° Deux associés ont formé une entreprise, pour laquelle ils ont fourni respectivement 15000 f. et 17000 f. Le travail du premier est évalué, en outre, aux $\frac{3}{4}$ du capital, et celui du deuxième au $\frac{1}{3}$ seulement. Les bénéfices sont de 12000 fr. à la fin de l'année. Combien chacun aura-t-il ?

20° Dans une entreprise, les quatre associés ont placé des capitaux a, b, c, d ; les parts de travail de chacun sont estimées, respectivement $\frac{1}{a}, \frac{1}{b}, \frac{1}{c}, \frac{1}{d}$. Comment partagera-t-on le bénéfice A ?

21° Une entreprise a duré 15 années ; un associé avait mis 15000 fr. et apportait son concours, estimé les $\frac{7}{10}$ du capital social ; un autre 30000 f., et ne prêtait pas son concours personnel ; un troisième 50000 fr., qu'il a retirés au bout de 3 ans ; mais il a remplacé le capital par son concours actif, qui lui donnait droit au même bénéfice ; un quatrième avait apporté d'abord 15000 fr. et, au bout de 2 ans, il y a joint 70000 fr.; enfin, un cinquième a donné pendant 7 ans son concours estimé autant qu'un capital de 25000 fr. et a placé, dès le début de l'entreprise, 45000 fr. Quelle part chacun aura-t-il des bénéfices, qui se montent à 87000 francs ?

22° On escompte le 15 mars un effet payable le 1ᵉʳ avril, la somme versée est 725 fr. 30, le timbre est de 0,20, le taux 6 0/0, et les frais de commission sont de 1 fr. 50. On suppose que l'effet escompté appartient à un commerçant dont le capital rapporte 10 0/0 par an, dites s'il pourrait, sans perdre, faire rentrer ainsi toutes ses créances.

CHAPITRE VIII

Approximations numériques.

—

§ I. — ERREURS RELATIVES

494. On appelle *erreur absolue* d'un nombre la différence entre le nombre exact et sa valeur approchée.

495. On appelle *erreur relative* d'un nombre le rapport de l'erreur absolue au nombre exact.

C'est l'*erreur relative* et non l'*erreur absolue* qui caractérise le degré d'approximation d'un résultat. Par exemple si, en mesurant deux longueurs, l'une de 12347 mèt., l'autre de 31 mèt., on se trompe de 1 mèt. dans chaque opération, les 2 erreurs absolues sont égales à 1 mèt., mais les erreurs relatives sont différentes, puisque la 1re n'est que $\dfrac{1}{12347}$ de la longueur mesurée, tandis que l'autre est $\dfrac{1}{31}$ aussi de la longueur mesurée.

496. **Théorème.** *Si un nombre est calculé avec* m *chiffres exacts, à partir du premier chiffre à gauche, son erreur relative est moindre qu'une fraction qui aurait pour numérateur l'unité et pour dénominateur le premier chiffre suivi de* m — 1 *zéros.*

Soit, par exemple, le nombre 37,4758 dans lequel les quatre premiers chiffres sont exacts; son erreur absolue pourra être 0,0058, et alors son erreur relative sera successivement

$$\frac{0,0058}{37,4758} = \frac{58}{374758} < \frac{100}{374758} < \frac{100}{300000} < \frac{1}{3000}$$

En général, si K représente le 1er chiffre, m le nombre des chiffres exacts, E l'erreur relative, on a :

$$E < \frac{1}{K \times 10^{m-1}} \text{ et, } \textit{a fortiori, } E < \frac{1}{10^{m-1}}.$$

497. Théorème. *Si l'erreur d'un nombre est moindre que* $\frac{1}{10^m}$, *ce nombre a m chiffres exacts à partir du 1er chiffre significatif à gauche.*

Soit le nombre 45 784 dont on suppose l'erreur relative moindre que $\frac{1}{10^4}$ ou $\frac{1}{10000}$; je dis que ses quatre premiers chiffres sont exacts.

Par supposition, on a : E' (erreur absolue) $< \frac{1}{10000}$ de 45 784 ; a fortiori, E' $< \frac{1}{10000}$ de 100 000 ou E' $< \frac{100000}{10000}$, ou E' < 10. Donc, l'erreur absolue étant moindre que 10 unités, les quatre premiers chiffres du nombre 45 784 sont exacts.

498. Remarque. On peut, en considérant le premier chiffre significatif (K) du nombre, énoncer ainsi le théorème : *Si l'erreur d'un nombre est moindre que* $\frac{1}{(K+1)10^{m-1}}$, *le nombre aura m chiffres exacts.*

Ainsi, dans l'exemple ci-dessus, si l'erreur est moindre que $\frac{1}{5 \times 10^3}$, le nombre aura quatre chiffres exacts. En effet, E' $< \frac{1}{5000}$ de 45 784 ; a fortiori $\frac{1}{5000}$ de 50 000 ; par suite E' $< \frac{50000}{5000}$, donc E' < 10.

499. Théorème. *L'erreur relative d'un produit de deux facteurs dont l'un est exact est égale à l'erreur du facteur approché.*

Soit le produit 67 $\times$ 85 ; si on remplace 85 par 83, l'erreur relative de ce facteur sera $\frac{2}{85}$; je dis que telle est aussi l'erreur relative du produit. En effet, l'erreur absolue du produit étant 67 (85 — 83) = 67 $\times$ 2, l'erreur relative $= \frac{67 \times 2}{67 \times 85} = \frac{2}{85}$.

500. Théorème. *L'erreur relative d'un produit de deux facteurs approchés dans le même sens est moindre que la somme des erreurs relatives des facteurs.*

Soit 67×85 le produit considéré ; si on prend 64×83, l'erreur relative du 1er facteur est $\frac{3}{67}$, et celle du 2e $\frac{2}{85}$; je dis que l'erreur du produit sera moindre que $\frac{3}{67} + \frac{2}{85}$.

En effet, si nous passons d'abord du produit exact, 67×85, au produit approché, 64×85, l'erreur absolue sera 3×85 ; si l'on remplace 64×85 par 64×83, la nouvelle erreur sera 2×64 ; par conséquent, l'erreur absolue que l'on commet en prenant le produit 64×83 au lieu de 67×85 est $(3 \times 85) + (2 \times 64) - (2 \times 3)$; mais,

$$2 \times 64 = 2 \times 67 - (2 \times 3) ; \text{ donc } 3 \times 85 + 2 \times 64 = 3 \times 85 +$$
$$2 \times 67 - 2 \times 3 ; \text{ donc l'erreur relative} = \frac{3 \times 85 + 2 \times 67 - 2 \times 3}{67 \times 85}$$
$$= \frac{3 \times 85}{67 \times 85} + \frac{2 \times 67}{67 \times 85} - \frac{2 \times 3}{67 \times 85} = \frac{3}{67} + \frac{2}{85} - \frac{3}{67} \times \frac{2}{85} ;$$

$$\text{donc } E < \frac{3}{67} + \frac{2}{85}.$$

Nota : L'erreur absolue du produit $= (3 \times 85) + (2 \times 67) - 2 \times 3$.

501. Remarque. Si les facteurs étaient approchés en sens contraire, l'erreur du produit serait sensiblement égale à la différence entre les erreurs des deux facteurs.

L'erreur absolue serait, dans ce cas, moindre que la différence des produits de l'erreur de chaque facteur par l'autre facteur.

502. Théorème. *L'erreur relative d'un produit de trois facteurs approchés dans le même sens est sensiblement égale à la somme des erreurs relatives de ces facteurs.*

Pour le démontrer, on suppose effectué le produit des deux premiers facteurs et l'on applique deux fois le théorème précédent.

503. Corollaire I. *L'erreur relative du carré ou du cube d'un nombre approché est sensiblement le double ou le triple de l'erreur relative du nombre.*

504. Corollaire II. *L'erreur relative de la racine carrée ou cubique d'un nombre approché est sensiblement la moitié ou le tiers de l'erreur relative du nombre.*

505. Théorème. *L'erreur relative d'un quotient est sensible-*

ment égale à la somme ou à la différence des erreurs relatives du dividende et du diviseur.

En effet, le dividende étant égal au produit du diviseur par le quotient, l'erreur relative du dividende est la somme ou la différence des erreurs relatives du diviseur et du quotient, suivant qu'ils sont approchés dans le même sens ou dans le sens contraire; donc l'erreur relative du quotient est égale à la somme ou à la différence des erreurs relatives du dividende et du diviseur.

§ II. — OPÉRATIONS APPROCHÉES

506. Lorsque, dans un calcul, on substitue, à la vraie valeur d'un nombre — 37,457, par exemple, la valeur approchée — 37,45 ou 37,46 — on commet une erreur par défaut ou par excès, qui est toujours moindre que 1 unité du dernier ordre conservé; car une unité entière ou décimale d'un certain ordre est évidemment supérieure au nombre formé par les ordres d'unités qui la peuvent suivre; ainsi, 0,01 est plus fort que 0,009 999.

Dans les calculs usuels, on n'a souvent besoin que d'un certain degré d'approximation; d'ailleurs, les nombres sur lesquels on opère proviennent ordinairement de mesures prises avec des instruments qui ne peuvent fournir que des résultats approchés; on peut donc se contenter des résultats obtenus par la méthode des opérations abrégées.

ADDITION APPROCHÉE

507. *Trouver, à moins de 0,01, la somme des nombres* 3,14159; 1,4142; 1,7320; 0,31830.

$$\begin{array}{l} 3,14159 \\ 1,4142 \\ 1,7320 \\ 0,31830 \\ \hline 6,605 \end{array}$$

Si l'on appelle S la somme exacte, en observant que l'erreur de chaque partie est moindre que 0,001, l'erreur de la somme sera moindre que 0,004; donc on peut écrire :

$$6,605 < S < 6,605 + 0,004, \text{ ou } 6,609;$$

par conséquent, 6,61 sera par excès, à moins de 0,01, la somme cherchée; 0,01 est donc l'erreur absolue de la somme.

De même 6,60 est, à moins de 0,01, mais par défaut, la somme cherchée; 0,004 est ici la *limite* de l'erreur absolue, et $\dfrac{0,004}{S}$, la *limite* de l'erreur relative.

5*

Règle. *Si l'on doit additionner moins de 10 nombres, on prend chacun d'eux avec un chiffre décimal de plus qu'on n'en veut à la somme ; on supprime le dernier chiffre à droite du total, et l'on force le précédent. S'il y a plus de 10 nombres à ajouter, on prend 2 chiffres exacts de plus à chaque nombre.*

NOTA. Comme les nombres à additionner peuvent être approchés en sens contraire, il arrive souvent que les erreurs se compensent, au moins en partie. L'erreur est, en réalité, la somme algébrique des erreurs des nombres.

SOUSTRACTION APPROCHÉE

508. *Trouver, à moins de 0,001, la différence des nombres* 3,1459 et 2,71828.

$$\begin{array}{r} 3,1459 \\ 2,71828 \\ \hline 0,424 \end{array}$$

Le plus grand nombre étant approché de 0,001, il produit, sur le reste, une erreur par défaut moindre que 0,001 ; le plus petit nombre étant aussi approché à 0,001, produit une erreur par excès moindre que 0,001 ; donc, la différence de ces erreurs, qui est l'erreur du résultat, sera toujours moindre que 0,001.

Remarque. 0,001 est la *limite* de l'erreur absolue, et $\dfrac{0,001}{D}$, la *limite* de l'erreur relative.

Règle. *On prend chaque nombre à moins d'une unité, par défaut, de l'ordre de l'approximation demandée, et l'on opère la soustraction comme à l'ordinaire.*

MULTIPLICATION APPROCHÉE

509. **Règle.** Pour obtenir le produit de deux nombres à moins d'une unité d'un ordre donné, on écrit les chiffres du multiplicateur dans un ordre inverse, c'est-à-dire que le chiffre des unités inférieures devient celui des unités supérieures ; on place le chiffre de ses unités sous le chiffre du multiplicande qui exprime des unités cent fois moindres que celles de l'approximation demandée. Ainsi, dans l'exemple ci-dessous, le chiffre des unités du multiplicateur est 3 ; on le place sous les dix-millièmes du multiplicateur parce qu'on veut une approximation à 0,01 près. On multiplie le multiplicande par le multiplicateur, en commençant toujours par le chiffre du multiplicande placé au-dessus du

chiffre multiplicateur. On écrit les produits les uns sous les autres de telle façon que les premiers chiffres à droite se trouvent dans une même colonne verticale. On place la somme de la manière ordinaire, on néglige les deux derniers chiffres à droite, on force d'une unité le dernier chiffre conservé, et on fait exprimer au résultat des unités de l'ordre demandé.

510. Ex. *Trouver, à moins de 0,01, le produit de 47,45 892 789 par 3,78 912 934.*

	4745892789	
	439219873	
Disposition	1423767	$0,0001 \times 3$ ou $0,0003$
du	332206	$- \times 7 - 0,0007$
	37960	$- \times 8 - 0,0008$
	4266	$- \times 9 - 0,0009$
calcul.	47	$- \times 1 - 0,0001$
	8	$- \times 2 - 0,0002$
Produit net	1798254	Produit cherché 179,83

Ayant disposé le multiplicateur comme il a été dit, on remarquera d'abord que tous les produits partiels sont de même nature que le premier et qu'ils expriment des dix-millièmes ; car, dans le multiplicande, la valeur des chiffres devient de dix en dix fois plus grande, et, dans le multiplicateur, elle devient de dix en dix fois plus petite.

Pour apprécier l'erreur commise, remarquons que chaque produit partiel est approché à moins d'un nombre de dix-millièmes marqué par le chiffre qui a servi de multiplicateur. Ainsi, le produit partiel 1423767 dix-millièmes est approché à moins de 0,0003, car la partie négligée du multiplicande est moindre que 0,0001, cette unité, multipliée par le chiffre 3 du multiplicateur, donnerait 0,0003, etc. D'après cela, l'erreur commise sur la somme des six produits partiels est moindre que

$$0,0001 \ (3 + 7 + 8 + 9 + 1 + 2)$$

Mais il faut aussi tenir compte de la partie 934 négligée au multiplicateur ; cette partie est moindre que une unité de l'ordre du dernier chiffre employé, — 2 — ; cette unité devrait être multipliée par le multiplicande, dont la valeur est moindre que 5 unités de l'ordre de son premier chiffre ; par suite, l'erreur serait moindre que $0,0001 \times 5$, et l'erreur totale dont est affecté le produit serait moindre que $0,0001 \ [(4 + 1) + 3 + 7 + 8 + 9 + 1 + 2] = 0,0035$.

Si nous appelons P le produit exact, on aura :

$$179,8254 < P < 179,8254 + 0,0035.$$
$$179,8254 < P < 179,8289$$
$$179,82 \quad < P < 179,83;$$

Donc 179,83 est bien la valeur du produit à 0,01 près.

Remarque. Il ne serait pas nécessaire, dans le cas présent, de forcer le dernier chiffre : 179,82 représente aussi le produit à 0,01 près.

DIVISION APPROCHÉE

511. Remarque préliminaire. Pour obtenir un quotient à 0,01, 0,001, etc. près, il suffit de multiplier le dividende par 100, 1000, etc., de calculer le quotient à une unité près, et de diviser le résultat par 100, 1000, etc.

Ex. *Soit à trouver le quotient* $\dfrac{13,789\,458\,327}{0,428\,989\,4578}$ à 0,001 près.

Le quotient sera le même que celui de $\dfrac{137,894\,583\,27}{4,289\,894\,578}$, qui a 2 chiffres à sa partie entière. Comme on veut trois chiffres décimaux, le quotient aura en tout 5 chiffres ; il sera donc fourni, à moins d'un millième, par l'expression $\dfrac{137\,894,583\,27}{4,289\,894\,578}$.

512. Règle. *Pour obtenir le quotient de deux nombres à une unité près, on détermine d'abord le nombre des chiffres que l'on doit avoir au quotient, et l'on en conserve deux de plus au diviseur ; on prend, sur la gauche du dividende, un nombre de chiffres capable de contenir le diviseur au moins une fois et moins de 10 fois, et l'on néglige les autres. On fait ensuite la division comme à l'ordinaire, si ce n'est qu'au lieu d'abaisser un chiffre du dividende à droite de chaque reste, on barre le dernier chiffre à droite du diviseur précédent. On continue ainsi jusqu'à ce qu'on ait trouvé au quotient le nombre de chiffres demandé.*

Dans l'exemple proposé, le quotient devant avoir cinq chiffres, le diviseur abrégé en aura 7, et le dividende abrégé en aura 8.

Disposition de l'opération :

$$
\begin{array}{r|l}
137\,894{,}58\ \ 327 & 4{,}289\,894\,578 \\
9\,197\ 76 & \overline{32{,}144} \\
617\ 98 & \\
189\ 00 & \\
17\ 44 & \\
32 &
\end{array}
\qquad
\begin{array}{r}
4{,}289\,894\,578 \\
44\,123 \\
\hline
12\,869\,682 \\
857\,978 \\
42\,898 \\
17\,156 \\
1\,712 \\
\hline
137\,894{,}26
\end{array}
$$

Pour démontrer que 32144 est le quotient, à un millième près, des deux nombres proposés, désignons par D le dividende exact; par d le diviseur exact, par Q le quotient obtenu, par R le reste exact, enfin par P le produit approché du diviseur par le quotient.

Puisque P représente le produit approché de d par Q, si nous supposons E l'erreur, on aura : $P + E = dQ$; d'où $P = dQ - E$; mais aussi $D - P = R$; d'où $D = P + R$; remplaçant P par sa valeur, on aura : $D = dQ + R - E$; d'où $\dfrac{D}{d} = Q + \dfrac{R}{d} - \dfrac{E}{d}$.

$\dfrac{D}{d}$ étant le quotient exact, pour prouver que Q est le quotient approché, à moins d'une unité, il suffit de prouver que la différence des fractions $\dfrac{R}{d}$ et $\dfrac{E}{d}$, est moindre que 1.

Observons d'abord que le reste R est toujours inférieur au diviseur d; donc $\dfrac{R}{d} < 1$; d'autre part, R représente l'erreur commise en faisant le produit du diviseur exact par le quotient trouvé; comme ce produit, d'après la règle donnée, est toujours calculé à une unité près, on aura : $E < 1$; d ayant toujours un chiffre entier, sera plus grand que 1; donc $\dfrac{E}{d} < 1$. La différence $\dfrac{R}{d} - \dfrac{E}{d}$ sera, à *fortiori*, moindre que 1. Donc 32144 est le quotient, à une unité près, des nombres sur lesquels on a opéré, et 32,144 est le quotient, à 0,001 près, des deux nombres proposés.

Remarque. Il peut arriver qu'un dividende partiel contienne 10 fois le diviseur correspondant; dans ce cas, on écrit au quotient autant de 9 qu'il reste de chiffres à trouver.

RACINE CARRÉE APPROCHÉE

513. Lorsqu'on a trouvé plus de la moitié des chiffres de la racine carrée d'un nombre, on peut trouver tous les autres en divisant le reste total par le double du nombre que forment les chiffres trouvés suivis d'autant de zéros qu'il y a encore de chiffres à trouver.

Soit N un nombre dont la racine a $2n$ ou $2n + 1$ chiffres; je dis que si l'on a trouvé les $n + 1$ premiers chiffres, on peut trouver les autres par une simple division.

Représentons par a le nombre formé par les $n + 1$ premiers chiffres suivis d'autant de zéros qu'il manque de chiffres à la racine. Soit x la partie complémentaire de cette racine; on aura :

$$N = (a + x)^2 = a^2 + 2ax + x^2; \text{ d'où } N - a^2 = 2ax + x^2.$$

Or, $N - a^2$ représente le reste de l'opération après que l'on a obtenu les $n + 1$ premiers chiffres.

Donc si l'on représente par R ce reste, on aura :

$$R = 2ax + x^2; \text{ d'où } 2ax = R - x^2, \text{ et } x = \frac{R}{2a} - \frac{x^2}{2a}.$$

Si q est le quotient et r le reste de la division de R par $2a$, on aura :

(1) $x = q + \dfrac{r}{2a} - \dfrac{x^2}{2a}$; q sera la valeur de x, à une unité près, si l'on a : $\dfrac{r}{2a} - \dfrac{x^2}{2a} < 1$. Or, $\dfrac{x}{2a}$ est toujours plus petit que 1; il en est de même de $\dfrac{x^2}{2a}$; car si a contient $2n$ chiffres, x en aura $n - 1$; par conséquent x^2 en aura au plus le double, c'est-à-dire $2n - 2$; donc $x^2 < 2a$; si a contient $2n + 1$ chiffres, x en aura n; par conséquent x^2 en aura au plus $2n$: donc $x^2 < 2a$.

Ainsi, chacune des expressions $\dfrac{r}{2a}$, $\dfrac{x}{2a}$ étant moindre que 1, leur différence sera, *a fortiori*, moindre que 1.

De l'égalité (1), on déduit : 1° si $x = q$, on a aussi $r = x^2$, par suite, $r = q^2$, et la racine est exacte; 2° si $x > q$, on a aussi $r > x^2$; *a fortiori* $r > q^2$, et la racine est approchée par défaut; 3° si $x < q$, on a aussi $r < q^2$, et la racine est approchée par excès.

514. Ex. *Soit à extraire la racine carrée* de 2135578946.
La racine doit avoir 5 chiffres. On cherche d'abord la moitié plus 1 de ces chiffres, c'est-à-dire les trois premiers, qui sont 4, 6 et 2.

$$2135578946 - (46200)^2 = 1138946.$$

$$\frac{1138946}{46200 \times 2} = 12.$$ Donc la racine, à une unité près, sera 46212.

APPLICATIONS

1° Les nombres 5,784 et 3,243 sont approchés, à moins d'une unité, de l'ordre de leur dernier chiffre; sur combien de chiffres exacts pourra-t-on compter dans le produit?

L'erreur du produit sera moindre que $\frac{1}{5000} + \frac{1}{3000}$ et *a fortiori* moindre que $\frac{1}{3000} + \frac{1}{3000} = \frac{2}{3000}$ ou $\frac{1}{1500}$, et enfin moindre que $\frac{1}{1000}$; par conséquent il aura 3 chiffres exacts.

2° Le diamètre d'un cercle est égal à $\sqrt{3}$; on demande la valeur de la circonférence à moins d'un centimètre.

La circonférence est égale à πD; or π étant moindre que 4, et $\sqrt{3}$ moindre que 2, le produit sera inférieur à 8; par suite, comme on le veut à 0,01, il faudra le calculer avec 3 chiffres exacts; pour cela il faut que son erreur relative soit moindre que $\frac{1}{1000}$, et, par conséquent, l'erreur de chaque facteur moindre que $\frac{1}{2 \times 1000}$; par suite, il suffira de prendre 4 chiffres à π et 5 à $\sqrt{3}$.

Remarque. On traiterait d'une façon analogue les questions relatives à la division et aux puissances.

3° Trouver la racine carrée ou cubique du nombre 6,478494 avec 3 chiffres exacts.

Pour cela, il suffira que l'erreur de cette racine soit moindre que $\frac{1}{10^3}$. Or pour la racine carrée, il suffira que l'erreur du nombre soit moindre que $\frac{2}{10^3}$ ou $\frac{1}{5 \times 10^2}$, et pour la racine cubique, que l'erreur du nombre soit moindre que $\frac{3}{10^3}$ ou *a fortiori* que $\frac{1}{4 \times 10^2}$. Par suite, on peut conclure pour la racine carrée que si le premier chiffre du nombre est 5 ou supérieur à 5, il suffira de 3 chiffres exacts au nombre pour en avoir 3 à la racine, sinon il en faudra un de plus.

Pour la racine cubique, si le premier chiffre est 4 ou supérieur à 4, il faudra aussi autant de chiffres exacts au nombre qu'on en veut à la racine, sinon il en faudra un de plus.

En général, quand un nombre est calculé avec $m+1$ chiffres exacts, les m premiers chiffres de sa racine carrée ou cubique seront toujours exacts. Comme on voit, cette approximation est beaucoup plus grande que celle que nous avons donnée dans la théorie des racines carrées ou cubiques.

4° Les nombres 3,14 et 45,62 sont donnés à 0,01 près par défaut ; combien leur produit aura-t-il de chiffres exacts ?

Le facteur 3,14 est approché à $\frac{1}{300}$ et le facteur 45,62 à $\frac{1}{4000}$ (496);

leur produit sera approché à $\frac{1}{300}+\frac{1}{4000}=\frac{43}{12000}<\frac{1}{200}$.

Ce produit aura donc *trois* chiffres exacts (500); ce qui donne 143, à une unité près.

Remarque. L'erreur absolue (494)
$$(0,01\times 3,14)+(0,01\times 45,62)\begin{cases}<0,04+0,50=0,54,\\>0,03+0,45=0,48,\end{cases}$$
du produit des nombres donnés, montre en effet qu'il ne sera approché qu'à une unité.

5° Calculer à $\frac{1}{10000}$ près le produit 3,1415926535 $\times$ 18,8495.

Ce produit doit avoir *cinq* chiffres exacts (509), et comme il aura deux chiffres entiers, il sera approché à 0,001 près.

La règle de multiplication approchée (509) donne 59,218, pour le produit demandé.

6° Trouver, avec trois chiffres exacts, la valeur de l'expression $\frac{3,8729833 - 1,41421356}{0,4156269}$.

La règle de la division approchée (512) conduit à prendre le dénominateur ou diviseur avec *cinq* chiffres, et le numérateur ou dividende, et par suite, ses deux termes, avec *six* chiffres.

On a ainsi 5,91 pour la valeur de l'expression donnée.

7° Calculer l'expression $\frac{1}{3,1415927}$, *à* $\frac{1}{10000}$ *près.*

Ce quotient aura *cinq* chiffres exacts, et sera par suite calculé à 0,00001 près.

D'après la règle de la division approchée (512), il faut prendre 3141592 pour 1er diviseur, et 100000000 pour 1er dividende; et l'on a pour le quotient demandé : 0,31831, à $\frac{1}{10000}$ près.

QUESTIONS SUR LES APPROXIMATIONS

1° Le nombre 5,47738 n'a que ses quatre premiers chiffres exacts, quelle est la limite de son erreur absolue et de son erreur relative?

2° Le nombre 0,258923 est approché à 0,001 près par excès, le réduire à ses chiffres exacts, et indiquer la limite de son erreur relative.

3° On sait que le nombre 173,564 est approché par excès à $\frac{1}{10000}$ de sa valeur, l'écrire avec ses chiffres exacts, et donner la limite de son erreur absolue.

4° Les nombres 76,536, 6,18, 587,78 et 3, 1, sont donnés avec leurs chiffres exacts. Quelle serait la limite de l'erreur absolue et de l'erreur relative de leur somme?

5° La somme des nombres 3,1......, 141,4......, 28,2......, doit être approchée à $\frac{1}{10000}$ près. Combien manque-t-il de chiffres à ces nombres?

6° Dans la différence 845,54 — 243,5678, on ne conserve que les cinq premiers chiffres du petit nombre. Indiquer la limite et le sens de l'erreur absolue de cette différence.

7° On prend 314,16 et 3,14 pour les valeurs approchées des nombres 314,1592 et 3,1415. Donner la limite et le sens de l'erreur absolue de leur différence.

8° Quel est, à 0,001 près, le produit de 3,1415926 par 14,18873?

9° Combien manque-t-il de chiffres aux facteurs 3,1..... et 18,6...... pour avoir leur produit à 0,01 près?

10° Avec combien de chiffres faut-il prendre les facteurs 389,50623 et 16,4782, pour avoir leur produit à $\frac{1}{1000}$ près.

11° Dans cette division, $\dfrac{360}{17,72453}$, le diviseur est donné avec ses chiffres exacts. Quelle est la limite de l'erreur absolue et de l'erreur relative du quotient?

12° Combien manque-t-il de chiffres au diviseur pour avoir ce quotient $\dfrac{180}{31,4.....}$ à 0,001 près; et pour l'avoir à $\frac{1}{100}$ près?

13° Calculer : 1° $\dfrac{52,3}{3,14159}$, à 0,01 près;

2° $\dfrac{324}{146,4591}$, à $\dfrac{1}{10000}$ près.

14° L'expression $\dfrac{40.000.000}{2\,\pi}$ donne le rayon de la terre. Avec combien de chiffres faut-il prendre $\pi = 3,14.....$ pour avoir ce rayon à $\dfrac{1}{100000}$ près?

15° Avec combien de chiffres faut-il calculer le quotient $\dfrac{7282,5371}{39,1853}$, pour l'avoir à une unité près ?

16° Calculer $\dfrac{265,732546}{9,8088}$, à 0,01 près.

17° On veut que l'erreur relative du quotient $\dfrac{35,7.....}{8,43....}$ ne dépasse pas $\dfrac{1}{1000}$; combien manque-t-il de chiffres au dividende et au diviseur?

18° Calculer $\dfrac{1,414}{3,141592}$, à $\dfrac{1}{100}$ près.

19° Calculer $\dfrac{2}{7} + \dfrac{5}{6}$, à 0,001 près.

APPENDICE

TABLEAU DES MESURES ANCIENNES

MESURES DE LONGUEUR

DÉNOMINATION	VALEUR					
	en toises	en pieds	en pouces	en lignes	en points	en mètres
Lieue marine, 20 au degré.	2850,411	»	»	»	»	5555,55
Lieue commune, 25 au degré.	2280,329	»	»	»	»	4444,44
Lieue de poste.	2000	12000	»	»	»	3898,07
Mille itinéraire.	1000	6000	»	»	»	1949,04
Mille marin, 120 nœuds. . .	»	5700	»	»	»	1851,68
Nœud.	»	$47\frac{1}{2}$	»	»	»	15,43
Brasse	»	5	»	»	»	1,6242
Perche des Eaux et Forêts.	$3\frac{2}{3}$	22	»	»	»	7,1465
Perche de Paris.	3	18	»	»	»	5,8471
Toise (unité).	»	6	»	»	»	1,9490
Aune de Paris.	»	»	»	»	»	1,1884
Pied.	$\frac{1}{12}$	1	12	144	1728	0,3248
Pouce.	$\frac{1}{144}$	$\frac{1}{12}$	1	12	144	0,02700
Ligne.	$\frac{1}{1728}$	$\frac{1}{144}$	$\frac{1}{12}$	1	12	0,002255
Point.	$\frac{1}{20736}$	$\frac{1}{1728}$	$\frac{1}{144}$	$\frac{1}{12}$	1	0,000188

MESURES DE SURFACE

DÉNOMINATION	en arpents c.	en perches c.	en toises c.	en pieds c.	en pouces c.	en lignes c.	en ares.
			VALEUR				
Lieue marine carrée	»	»	»	»	»	»	308642
Lieue commune carrée. . .	»	»	»	»	»	»	197531
Arpent des Eaux et Forêts.	»	100	»	»	»	»	51,0720
— de Paris ou journal.	1	100 (de Paris)	»	»	»	»	34,1887
Perche car. des Eaux et For.	»	»	14	»	»	»	0,51072
— — de Paris.	»	»	9	»	»	»	0,34189
Toise carrée.	»	»	»	36	»	»	0,037987
Pied carré.	»	»	$\frac{1}{144}$	1	144	20736	0,001055

MESURES DE VOLUME

DÉNOMINATION	Voies.	Solives.	Toises c³	Pieds c³	Pouces c³	Lignes c³	Stères ou m³
Corde de grand bois. . . .	$2\frac{1}{7}$	»	»	128	»	»	4,3875
Corde des Eaux et Forêts .	2	»	»	112	»	»	3,8311
Voie de Paris.	1	»	»	56	»	»	1,9195
Solive.	»	1	»	3	»	»	0,1028
Toise cube	»	»	1	216	»	»	7,40389
Pied cube.	»	»	$\frac{1}{216}$	1	1728	2985984	0,03428

MESURES DE CAPACITÉ

POUR LES LIQUIDES

DÉNOMINATION	Pièce.	Feuillette.	Setier.	PINTE d'Arbois.	PINTE de Marseille.	PINTE de Paris.	Litres.
Muid de Paris.	»	2	»	»	»	»	268,220
— de Lunel.	»	»	»	»	»	»	700
— de Besançon	»	»	»	»	»	»	272,41
Pièce de Lyon.	1	»	»	»	»	»	210
Feuillette de Paris	»	1	»	»	»	144	134,11
Setier ou velte.	»	»	»	»	»	8	7,45
Pinte d'Arbois.	»	»	»	1	»	»	1,25
— de Marseille.	»	»	»	»	1	»	1,073
— de Paris.	»	»	»	»	»	»	0,931

POUR LES MATIÈRES SÈCHES

DÉNOMINATION	Setier.	Boisseau.	Litron.	Litre.
Muid.	12	144	»	1873,20
Setier	»	12	192	156,10
Boisseau.	»	1	16	13,008
Litron	»	»	1	0,813

MESURES DE POIDS

DÉNOMINATION	Quintaux.	Livres.	Kilog.
Tonneau.	20	2000	979,012
Quintal.	1	100	48,951
Livre	»	1	0,4895

DÉNOMINATION	Marcs.	Onces.	Gros.	Deniers.	Grains.	Grammes.
Livre.	2	16	»	»	»	489,506
Marc.	1	8	64	»	»	244,752
Once.	$\frac{1}{8}$	1	8	24	»	30,594
Gros.	»	$\frac{1}{8}$	1	3	72	3,824
Denier.	»	»	$\frac{1}{3}$	1	24	1,275
Grain	»	»	»	$\frac{1}{24}$	3	0,053
Carat	»	»	»	»	$3\frac{7}{8}$	0,20587

MESURES ANCIENNES DE MONNAIES

DÉNOMINATION	Écus.	Livres.	Sous.	Deniers.	Francs.
Louis d'or	»	24	»	»	23,70
Écu d'argent.	»	6	»	»	5,93
Id.	»	3	»	»	2,965
Livre.	»	1	20	240	0,98765
Sou.	»	$\frac{1}{20}$	1	12	0,049385
Denier	»	»	$\frac{1}{12}$	1	0,004115

QUELQUES MONNAIES ÉTRANGÈRES

Puissances.	Métaux.	DÉNOMINATION	Poids.	Titre.	Francs.
			gr.		
Angleterre.	Or . . .	Livre sterling, monnaie de compte.	»	»	25,21
		Souverain, 20 schellings. .	»	0,916	25,21
	Argent.	Couronne, 5 id. . . .	»	0,925	5,60
		Florin, 2 id. . . .	»	id.	2,31
		Schelling, 12 pences ou deniers	»	id.	1,16
	Billon .	Pences, ou penny, ou denier.	»	»	0,10
Autriche. .	Argent.	Florin, 100 kreuzers. . . .	12,345	0,900	2,45
		1/4 de florin.	5,341	0,520	0,61
	Argent-billon.	10 kreuzers.	2	0,500	0,22
	Cuivre-billon.	1 kreuzer.	»	»	0,02
Allemagne.	Or . . .	Frédéric d'or.	6,182	0,903	20,78
		10 florins.	»	»	25
	Argent.	Thaler, 30 groschen	»	0,900	3,75
		1/3 de thaler	18,519	0,520	1,25
		1/6 de thaler	9,354	0,520	0,625
		1 pfenning	4,677	»	0,01

SYSTÈMES DE NUMÉRATION

514. Un système de numération est l'ensemble des principes d'après lesquels on est convenu d'exprimer et de représenter les nombres.

La base d'un système de numération est le nombre d'unités qu'il faut d'un ordre d'unités pour faire une unité de l'ordre immédiatement supérieur.

La base du système de numération exposé page 2 et suiv. *est* 10, parce que, dans ce système, il faut dix unités d'un ordre pour en faire un de l'ordre immédiatement supérieur. Ce système est appelé, pour cette raison, décimal.

Le nombre des caractères ou chiffres employés dans un système est toujours égal au nombre qui marque le degré du système. Ainsi, dans le système décimal, il y a dix chiffres; dans le système binaire, il y en aurait deux; dans le système duodénaire, douze, etc.

Le zéro appartient à tous les systèmes.

Le chiffre le plus élevé dans chaque système est inférieur d'une unité au degré de la base.

Dans le système binaire, les chiffres seraient 1 et 0; dans le système duodénaire, ce seraient 1, 2, 3, 4, 5, 6, 7, 8, 9, α (alpha), β (bêta) et 0.

515. Dans tous les systèmes de numération, on admet la convention qui attribue à chaque chiffre deux valeurs : une valeur absolue et une valeur relative.

La valeur absolue est celle qui est attribuée, par convention, à la forme du chiffre; cette valeur est indépendante de la place que le chiffre occupe dans un nombre.

La valeur relative est celle que donne au chiffre le rang qu'il occupe dans le nombre. Elle est réglée par la convention générale suivante :

Convention. Tout chiffre placé à la droite d'un autre représente des unités de l'ordre immédiatement inférieur à celui que représente cet autre.

La valeur des ordres varie avec la base du système : dans le système binaire, un ordre vaut deux fois moins que l'ordre immédiatement supérieur; dans le système duodénaire, un ordre vaut douze fois moins que l'ordre immédiatement supérieur.

516. On peut proposer : 1° de trouver ce que vaudrait, en système décimal, un nombre donné écrit en un système quelconque; 2° de trouver comment on représenterait, en un système quelconque, un nombre écrit donné dans le système décimal.

1re Question. Soit à trouver ce que vaut, en système décimal, le nombre 496668 donné en système duodénaire.

La valeur de ce nombre est fournie (n° 515) par la somme des produits suivants :

$$
\begin{aligned}
8 &= 8 \\
(6 = 11) \times 12 &= 132 \\
6 \times 12 \times 12 &= 864 \\
6 \times 12 \times 12 \times 12 &= 10368 \\
9 \times 12 \times 12 \times 12 \times 12 &= 186624 \\
4 \times 12 \times 12 \times 12 \times 12 \times 12 &= 995328
\end{aligned}
$$

Ainsi $8 + (6 \times 12) + (6 \times 12^2) + (6 \times 12^3) + (9 \times 12^4) + (4 \times 12^5) = 1193324$

On obtient le même résultat plus rapidement de la manière suivante:

On multiplie l'ordre le plus élevé par le degré du système; on ajoute au produit les unités de l'ordre immédiatement inférieur; on multiplie de nouveau par le degré de la base, puis on ajoute au nouveau produit les unités de l'ordre immédiatement inférieur, et ainsi de suite; on btient évidemment ainsi le nombre des unités que renferme la valeur proposée.

$$4 \times 12 = 48$$
$$(48 + 9)\ 12 = 684$$
$$(684 + 6)\ 12 = 8280$$
$$(8280 + 6)\ 12 = 99432$$
$$(99432 + 6)\ 12 = 1193316$$
$$1193316 + 8 = 1193324$$

Par un calcul analogue, on ferait passer un nombre d'un système quelconque dans le système décimal.

Règle. *Pour représenter en système décimal la valeur d'un nombre écrit dans un système quelconque, on fait la somme des produits obtenus en multipliant chacun des chiffres du nombre donné par la base du système, élevée à une puissance marquée par le nombre des chiffres qui sont à droite de celui sur lequel on opère.*

2e Question. Soit à représenter en système duodénaire le nombre 1193324 donné dans le système décimal.

On peut considérer ce nombre comme composé de deux parties : les unités simples et les unités de second ordre. La première de ces parties est inférieure à douze, et l'autre contient douze un nombre exact de fois (n° 516, 1re question). Si donc je divise 1193324 par 12, le quotient, 99443, sera le nombre des unités de second ordre, et le reste, 8, sera le chiffre des unités simples.

$$
\begin{array}{l|l|l|l|l|l}
1193324 & 12 & 12 & 12 & 12 & 12 \\
113 & \overline{99443} & \overline{8286} & \overline{690} & \overline{57} & \overline{4} \\
53 & 34 & 108 & 90 & 9 & \\
52 & 104 & 06 & 6 & & \\
44 & 83 & 6 & & & \\
8 & 11 = 6 & & & &
\end{array}
$$

Les 99443 unités de second ordre peuvent être considérées comme formées de deux parties : les unités de second ordre proprement dites et les unités de troisième ordre ; la première de ces parties est inférieure à douze, et l'autre contient douze un nombre exact de fois. Donc, si l'on divise 99443 par 12, le quotient, 8286, sera le nombre des unités du troisième ordre, et le reste, 6, sera le chiffre des unités de second ordre.

En divisant ensuite 8286 par 12, on obtient 690 pour quotient, nombre des unités du quatrième ordre ; et le reste, 6, est le chiffre des unités du troisième ordre. En divisant 690 par 12, on obtient 57 pour quotient, nombre des unités du cinquième ordre ; et le reste, 6, est le chiffre des unités du quatrième ordre. En divisant 57 par 12, on obtient 4 au quotient et 9 pour reste. Le nombre décimal 1193324 a donc pour équivalent, dans le système duodénaire, le nombre 496668.

Règle. *Pour écrire dans un système quelconque un nombre décimal, on divise le nombre décimal par la base du système ; le reste obtenu est le chiffre des unités du premier ordre ; on divise ensuite, par la* *base du système, le quotient que l'on vient de trouver; le nouveau reste est le chiffre des unités du second ordre; on continue ainsi à diviser les quotients successifs par la base du système; chaque reste est un nouveau chiffre du nombre; le dernier quotient, qui est inférieur à la base du système, est le chiffre des unités de l'ordre le plus élevé.*

CARACTÈRES DE DIVISIBILITÉ DES NOMBRES

DANS UN SYSTÈME QUELCONQUE DE NUMÉRATION

517. Dans tout système de numération, les puissances de la base seraient représentées par les mêmes caractères que dans le système décimal.

$$\text{Ainsi, } 1, 10, 10^2, 10^3, 10^4, 10^5, 10^6 \dots 10^n,$$

représentent dans tous les systèmes, le premier, le deuxième, le troisième, le $n^{\text{ième}}$ ordre d'unités.

518. **Théorème.** *Dans un système quelconque de numération, le reste de la division d'un nombre par l'un des diviseurs de la base est égal au reste de la division du dernier chiffre du nombre par ce diviseur.*

1° *Le nombre est terminé par 0.* Alors il contient un certain nombre de fois la base; donc, il est divisible par les diviseurs de cette base.

Représentant la base par ε (prononcez 12) :

Soit $4\alpha6860 = \varepsilon \times 4\alpha686$;

Mais 2, 3, 4 et 6 divisent douze ; dont ils divisent aussi $4\alpha686$ fois douze.

2° *Le nombre est terminé par un chiffre quelconque.*

Soit $4\alpha6868$; on a :

$$4\alpha6868 = 4\alpha6860 + 8;$$

La première partie du second membre est un multiple de 2, 3, 4 et 6, la seconde, 8, est un multiple de 2 et de 4; donc le nombre $4\alpha6868$ est un multiple de 2 et de 4; et les restes de la division de ce nombre par 3 et par 6 sont les mêmes que les restes de la division de 8 par chacun de ces nombres.

Il est évident que ce qui vient d'être établi pour le système duodénaire serait vrai du système quaternaire et de tout autre système.

519. **Théorème.** *Les nombres inférieurs ou supérieurs d'une unité à la base jouissent des propriétés analogues à celles du nombre 9 et du nombre 11 dans le système décimal.*

$$10 - 1 = b - 1;$$
$$10^2 - 1 = b^2 - 1 = (b - 1)(b + 1) = (b - 1)\,m;$$
$$10^3 - 1 = b^3 - 1 = (b - 1)(b^2 + b + 1) = (b - 1)\,m';$$

Donc la propriété est vraie pour $b - 1$.

$$10 + 1 = b + 1;$$
$$10^2 - 1 = b^2 - 1 = (b + 1)(b - 1) = (b + 1)\,m;$$
$$10^3 + 1 = b^3 + 1 = (b + 1)(b^2 - b + 1) = (b + 1)\,m';$$
$$10^4 - 1 = b^4 - 1 = (b + 1)(b^3 - b^2 + b - 1) = (b + 1)\,m'';$$

Donc la propriété se vérifie aussi pour $b + 1$.

FRACTIONS PÉRIODIQUES

DANS LES SYSTÈMES DE NUMÉRATION AUTRES QUE LE SYSTÈME DÉCIMAL

520. Dans tout système de numération, on obtiendrait un quotient exact lorsque le dénominateur ne contiendrait que des diviseurs de la base du système.

Ainsi, dans le système duodécimal, les fractions ordinaires irréductibles donneraient lieu à des fractions duodécimales exactes lorsque leur dénominateur ne renfermerait que les facteurs 2 et 3.

En effet, pour les réduire en fractions duodécimales, on multiplierait le numérateur par 12 ou $2^2 \times 3$; donc on n'introduirait jamais au numérateur d'autres facteurs que ceux-là, tout comme dans le système décimal on n'introduirait que les facteurs 2 et 5.

Dans le système duodécimal, on aurait une période simple lorsque le dénominateur de la fraction irréductible proposée ne contiendrait aucun des facteurs 2 ou 3, et une période mixte quand, avec d'autres facteurs, le dénominateur renfermerait l'un au moins des facteurs 2 et 3; le nombre des chiffres de la partie non périodique serait indiqué par le plus fort exposant de 2 ou de 3. (Voir nᵒˢ 264 à 273.)

QUESTIONS RELATIVES AUX SYSTÈMES DE NUMÉRATION

1. A quel nombre décimal correspondrait l'unité de deuxième ordre dans le système duodénaire? Et l'unité de troisième ordre?... et l'unité de quatrième ordre?

2. Mêmes questions pour établir la relation entre le système décimal et le système septenaire.

3. Combien d'unités représenterait le cinquième ordre dans le système binaire?

4. Le système binaire exigerait-il plus de noms de nombres que le système décimal?

5. Ajouterait-on 10 à l'ordre d'unités trop faible si l'on opérait dans le système duodécimal?... dans le système septenaire?

6. Effectuer l'addition des nombres suivants dans le système duodécimal :

$$4\alpha66389 + 257814 + 76538\alpha.$$

7. Du 1er des nombres donnés au n° 6, retrancher le 3e de ces nombres.

8. Multiplier entre eux les deux derniers de ces nombres en prenant le dernier pour multiplicateur.

9. Trouver la valeur de la fraction périodique, 0,036673667... dans le système duodénaire.

10. La fraction ordinaire $\frac{15}{16}$ du système duodénaire donne-t-elle lieu à une fraction périodique?

11. La fraction $\frac{15}{68}$ du système duodénaire donne-t-elle lieu à une fraction périodique?

RÈGLE A CALCUL

OU RÈGLE DE GUNTER (*)

521. La *règle à calcul* est un instrument à l'aide duquel on effectue promptement et sûrement les opérations de l'arithmétique.

Cet instrument se compose d'une *règle* sur laquelle est pratiquée une rainure longitudinale. Dans cette rainure, glisse une *réglette* moins large que la règle. Un *curseur*, que l'on peut faire glisser le long de la règle, aide à lire les nombres. (Voir fig. A.)

512. La règle porte des divisions et des subdivisions qui correspondent aux logarithmes des nombres, et qui se reproduisent exactement sur la réglette.

Ces divisions sont marquées, de gauche à droite, de nombres 1, 2, 3, 4, 5, 6, 7, 8, 9, 1, 2, 3, 4, 5, 6, 7, 8, 9, 1.

Ces nombres représentent des ordres quelconques d'unités.

(*) Gunter, professeur de mathématiques à Londres. Il inventa la Règle à calcul en 1624.

6*

Ainsi, sur le nombre 1, on peut lire indifféremment, suivant les besoins de la question, 1, 10, 100, 1000, 1000000, etc., et 0,1, 0,01, 0,001, 0,000001, etc.

De même sur les nombres 2, 3, 4, etc., on peut lire 2, 20, 20000, etc.; 3, 30, 3000, etc. etc.

L'espace compris entre 1 et 2 est divisé en 10 parties inégales, qui représentent des unités du second ordre subdivisées chacune en 5 parties du troisième ordre.

On peut facilement, dans cette région, lire des nombres de 2, 3 et même 4 chiffres. (Voir les fig. 1, 2, 3, 4, 5, 6 et 7.)

On y peut lire les nombres :

$$1 ; 1,02 ; 1,04 ; 1,06 ; 1,08 ; 1,1 ; 1,12 ; 1,14 ; \ldots\ldots \text{ jusqu'à } 2.$$

Pour lire 1,01, par exemple, ou 1,03, on partage à vue, en deux parties égales, l'espace compris entre 1 et 1,02 ou entre 1,02 et 1,04.

L'espace compris entre 2 et 3 est divisé en dix parties inégales du second ordre, subdivisées chacune en deux parties du troisième ordre. Ainsi, les divisions représentent des dixièmes par rapport à l'ordre d'unités que représente 2, et les subdivisions valent 0,5 de ces dixièmes. On y peut aussi lire des nombres de deux, trois, et même quatre chiffres :

$$2^n , 2,05 ; 2,10 ; 2,15\ldots\ldots$$

Pour lire 2,02, on prend, à vue, les $\frac{2}{5}$ de l'espace compris entre 2 et 2,05.....

Les espaces compris entre 3 et 4, entre 4 et 5, sont divisés d'une manière analogue. (Voir pour la lecture des nombres, dans cette région, les fig. 8, 9, 10, 11 et 12.)

De 5 à 6, de 6 à 7, de 7 à 8, de 8 à 9, de 9 à 1, l'espace est divisé en 10 parties, de sorte que, pour lire les nombres de 3 chiffres, dans cette région, il faut subdiviser, à l'œil, les divisions de la règle (voir les fig. 13, 14, 15, 16 et 17); car il n'y a de marqués que :

$$5,1 ; 5,2 ; 5,3 ; 5,4 ; \ldots\ldots 5,9 ;$$
$$8,1 ; 8,2 ; 8,3 ; \quad \ldots\ldots 8,9 ; \text{ etc.}$$

L'1 de gauche est aussi appelé *origine* des échelles sur la règle, et *indicateur* sur la réglette.

523. A partir du milieu de la règle, commence une nouvelle série de divisions semblables à celles que l'on vient d'étudier.

524. Pour effectuer les multiplications, divisions, extractions de racines, on applique le principe fondamental des logarithmes.

Le logarithme (*) *d'un produit est égal à la somme des logarithmes des facteurs.*

(*) Voir l'*Algèbre*, n° 214.

Prenant deux nombres a et a' sur la règle, et, déplaçant la réglette, on aura sur cette réglette, au regard de a et a', deux nombres b et b', tels que $\frac{a}{b} = \frac{a'}{b'}$; car, log. a — log. b = log. a' — log. b', puisque la longueur $a\,a'$ égale la longueur $b\,b'$.

APPLICATION DE LA RÈGLE A DES PROBLÈMES USUELS

525. Multiplication. On lit l'un des facteurs, le multiplicande, par exemple, sur la règle; on amène l'1 de gauche de la réglette en regard de ce facteur; on lit le multiplicateur sur la réglette; le produit est, sur la règle, en regard du multiplicateur. (Voir fig. 18.)

Ex. : *Soit à trouver le prix de 7 kilog. 25 de cassonade à 1 fr. 30 le kilog.* (Voir fig. 20.)

Le nombre 7,25 se lit entre la 2ᵉ et la 3ᵉ subdivision de l'espace compris de 7 à 8, sur l'échelle de gauche; le nombre 1,3 se lit, sur la réglette, à la 3ᵉ subdivision de l'espace de 1 à 2.

Pour s'assurer qu'il faut lire 9 fr. 43 et non 94,30, ou 0,943, on examine à l'inspection des deux facteurs le nombre de chiffres que doit avoir le produit avant la virgule.

526. Division. On prend le dividende sur la règle, le diviseur sur la réglette; l'on avance la réglette jusqu'à ce que le dividende et le diviseur soient en regard. Le quotient se lit, sur la règle, en face de l'1 de gauche de la réglette.

Ex. : *Soit à trouver le prix d'une orange, sachant que 1 430 oranges reviennent à 130 fr. 75.* (Voir fig. 19.)

Il suffit à l'exactitude des premiers chiffres, les seuls qui doivent nous préoccuper ici, de diviser 13 par 143.

On prend 13 sur l'échelle qui commencent à l'1 du milieu, et 143 sur la réglette; à partir de l'*indicateur*, le quotient, 0,091 est, sur la règle, en regard de l'indicateur.

EXERCICES SUR LA RÈGLE A CALCUL

527. 1ᵉʳ Problème. *Que valent 3 mèt. 75 d'étoffe, à 2 fr. 25 le mèt.?* (Voir fig. 21.) — Rép. 8 fr. 45.

518. 2ᵉ Problème. *Un tailleur offre 400 fr. d'une pièce de drap de 24 mèt. 30, que l'on pensait vendre 17 fr. 50 le mètre. Peut-on accepter les offres du tailleur et réaliser les bénéfices que l'on s'était promis?* (Voir fig. 22.) — Le tailleur n'offre que 16 f. 45.

529. 3ᵉ Problème. *Un plafond de 4 mèt. 35, sur 3 mèt. 70, a reçu deux couches à la colle à raison de 0 fr. 18 le mèt. carré; combien doit-on pour ce travail?* (Voir fig. 23.) — Rép. 2 fr. 90.

On multiplie d'abord 4,35 par 3,70, et l'on tire la réglette jusqu'à ce que son 1 de gauche soit en regard de ce produit; on lit, sur la réglette, 0,18, et, en regard, le produit 2,90.

NOTA. Quand on le veut, on emploie l'1 du milieu de la réglette au lieu de l'1 de gauche.

530. 4ᵉ Problème. *Sachant que 7 mèt. 80 de drap ont coûté 152 fr., on demande ce que coûteront 12 mèt., 1 mèt. 90, 2 mèt. 50, 3 mèt. 75, et combien l'on aura de mètres pour 23 fr., 300 fr., 45 fr.*

Établissant 7,80 sous 152, on a les quatre premières réponses. (Voir fig. 24, 25 et 26.) Sur la réglette, on lit les nombres de mètres; sur la règle, on lit les francs. Puis, établissant 152 sous 7,80, on a les trois dernières réponses. Sur la réglette, on lit les francs; sur la règle, on lit les nombres de mètres.

531. Tout ce qui vient d'être dit des échelles supérieures de la règle et de la réglette pourrait se dire de l'échelle inférieure, aussi appelée grande échelle (fig. A). La seule différence, c'est que les divisions, étant plus grandes sur la grande échelle, on a pu multiplier davantage les subdivisions.

532. Ex. : *Réduire* $\frac{5}{7}$ *en décimales.* (Voir fig. 27.)

EXTRACTION DE LA RACINE CARRÉE

533. La règle et la réglette, outre l'échelle dont nous venons de parler, et que l'on appelle échelle supérieure, ont une autre échelle semblable, mais dont les dimensions sont doubles; elle est appelée échelle inférieure.

L'*échelle* inférieure est l'*échelle des racines carrées* par rapport à l'échelle supérieure, et l'échelle supérieure *est l'échelle des carrés* par rapport à l'échelle inférieure.

Tout nombre de l'échelle inférieure est la racine de celui qui lui correspond dans l'échelle supérieure.

De sorte que, pour former les carrés ou extraire les racines carrées, on n'a aucun mouvement à faire faire à la réglette; les résultats sont écrits, il n'y a qu'à lire.

ÉCHELLES DES SINUS ET DES TANGENTES

534. Le revers de la réglette porte une *échelle des sinus* et *une échelle des tangentes.* Cette dernière comprend depuis 1 jusqu'à 45°; celle des sinus va de 1 à 90.

L'*échelle des sinus* comprend successivement, de gauche à droite, les angles :

$$
\begin{array}{lllllll}
\text{Depuis } 40' & \text{jusqu'à } 10°, & \text{de } 10 & \text{en } 10 & \text{minutes ;} \\
— & 10° & — & 20°, & 20 & 20 & — \\
— & 20° & — & 30°, & 30 & 30 & — \\
— & 30° & — & 60°, & \text{de degré en degré ;} \\
— & 60 & — & 70, & \text{de 2 degrés en 2 degrés ;} \\
— & 75 & — & 80, & 90 \text{ degrés.}
\end{array}
$$

535. Le sinus d'un angle est le $\frac{1}{100}$ du nombre de l'échelle supérieure qui correspond à la graduation de l'angle sur l'échelle des sinus.

$$\text{Sinus } 2° = 0{,}0348.$$

536. L'échelle des tangentes porte des divisions analogues à celles de l'échelle des sinus, mais de dimension plus grande.

La tangente est le $\frac{1}{100}$ du nombre de l'échelle supérieure qui correspond à la graduation de l'échelle des tangentes.

$$\text{Ainsi, tang. } 5 = 0{,}0875.$$

Pour plus de détails sur la règle à calcul, voir l'instruction sur la règle à calcul par Benoît (P. M. N.), chez Gauthier-Villars, Paris.

RÈGLE A CALCUL

Fig. A

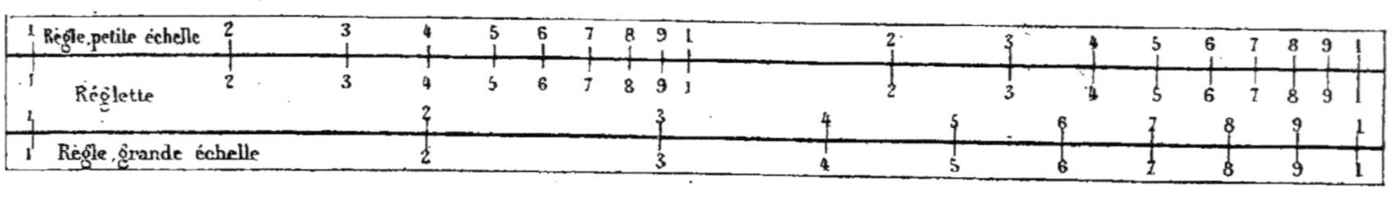

Fig. B

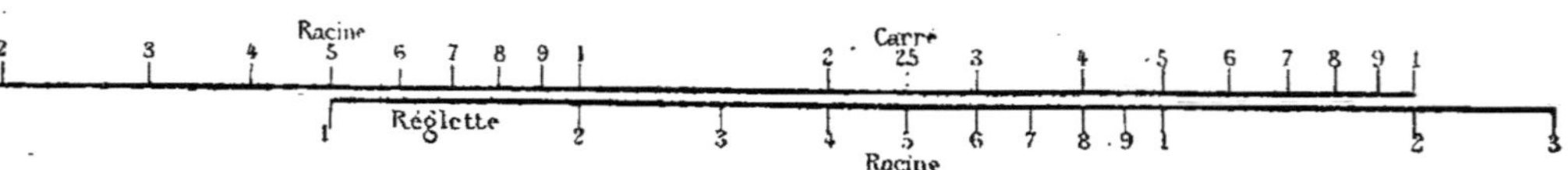

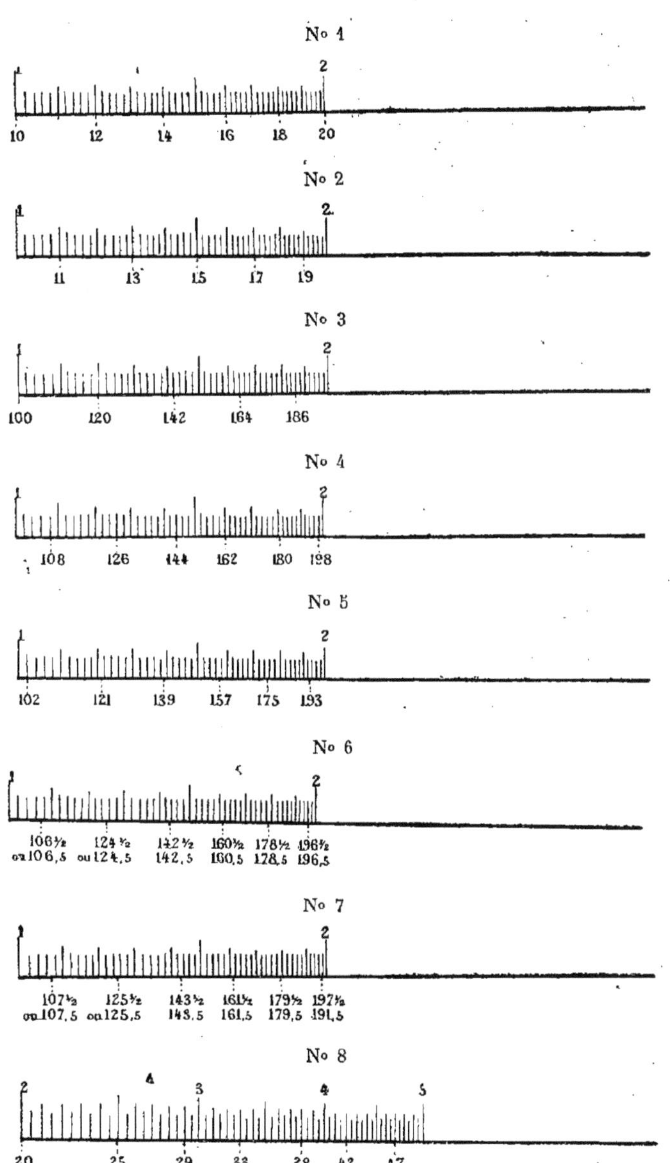
No 1
1   2
10   12   14   16   18   20
No 2
1   2
11   13   15   17   19
No 3
1   2
100   120   142   164   186
No 4
1   2
108   126   144   162   180   198
No 5
1   2
102   121   139   157   175   193
No 6
1   2
106½   124½   142½   160½   178½   196½
ou 106,5   ou 124,5   142,5   160,5   178,5   196,5
No 7
1   2
107½   125½   143½   161½   179½   197½
ou 107,5   ou 125,5   143,5   161,5   179,5   191,5
No 8
2   4   3   4   5
20   25   29   33   38   42   47

No 9

No 10

No 11

No 12

No 13

No 14

No 15

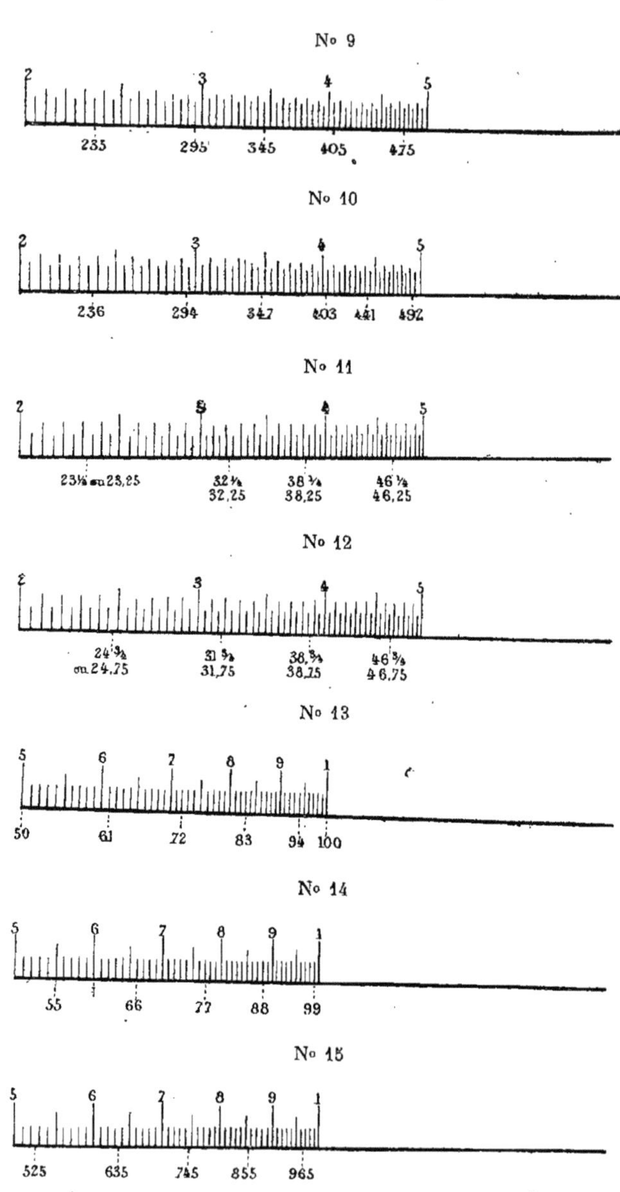

No 16

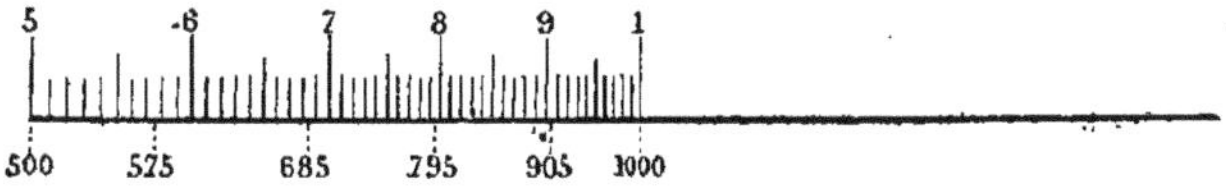

No 17

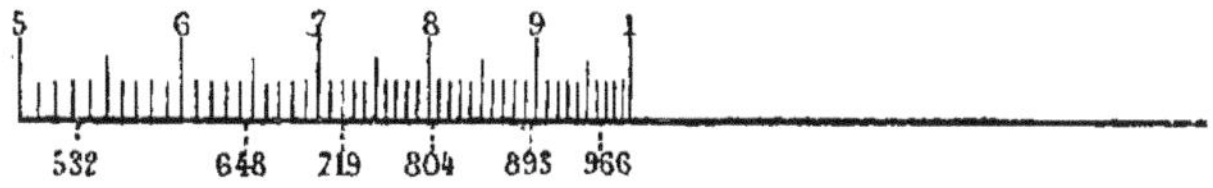

No 18

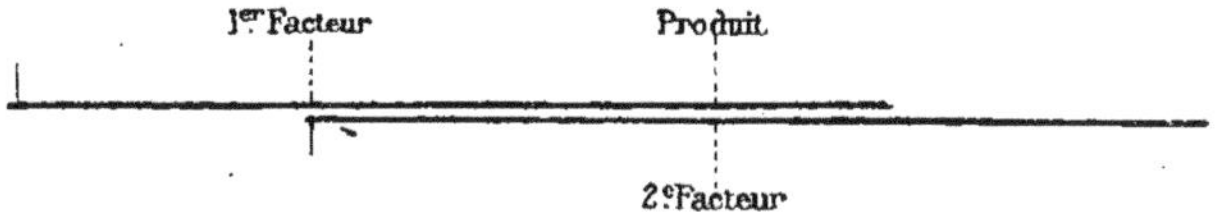

1er Facteur   Produit

2e Facteur

No 19

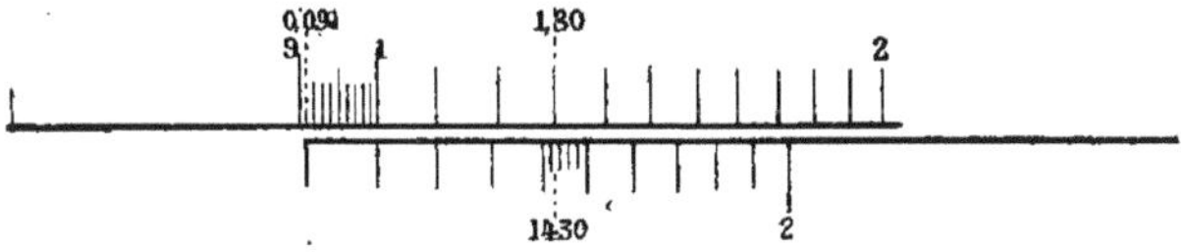

No 20

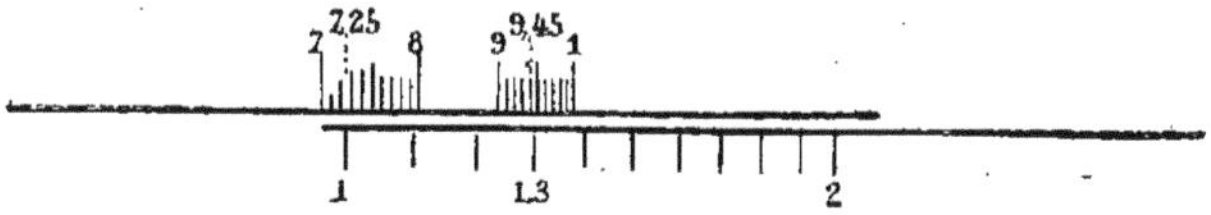

No 21

No 22

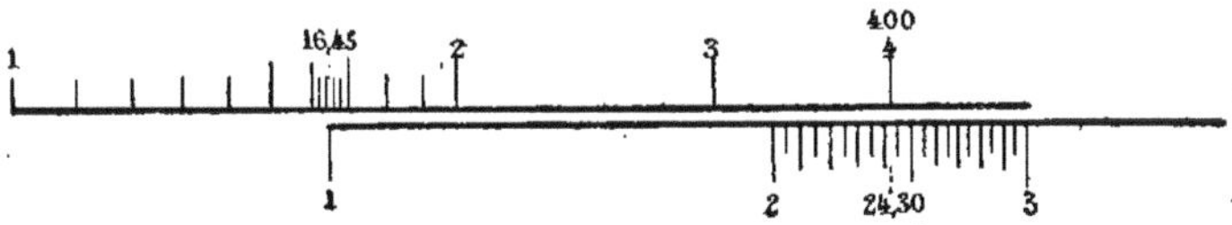

No 23

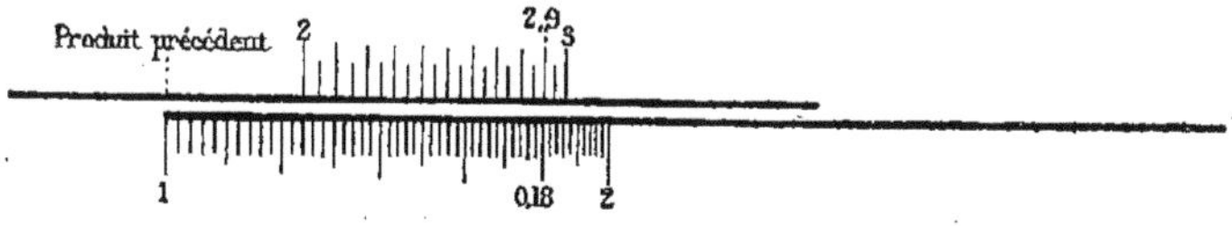

ÉLÉMENTS D'ARITHMÉTIQUE

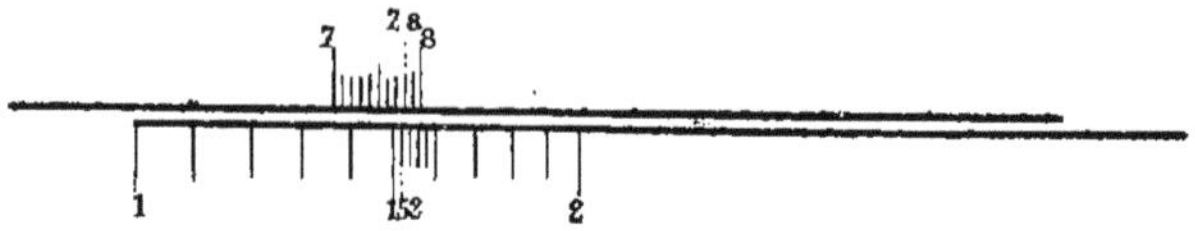

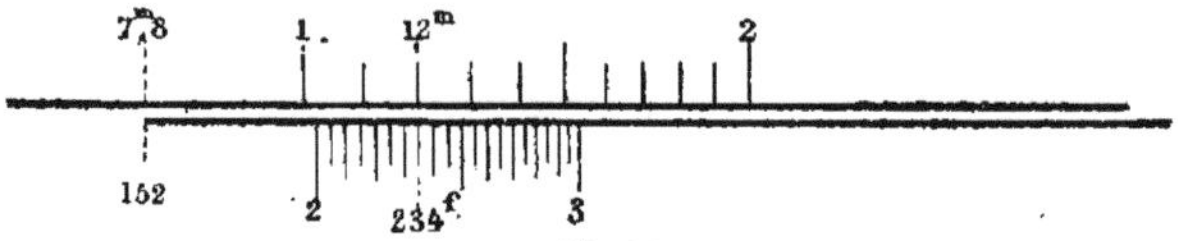

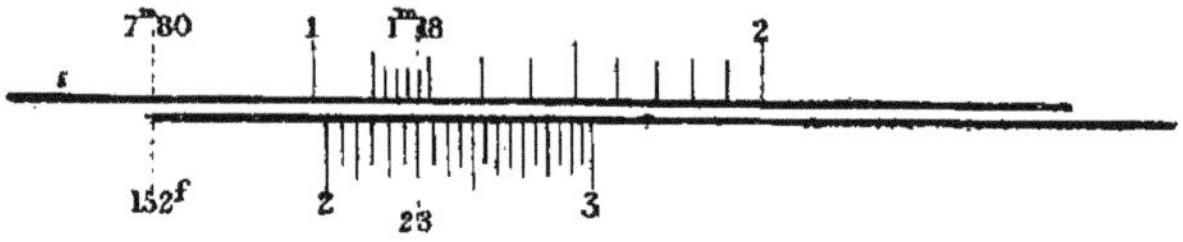

No 24

No 25

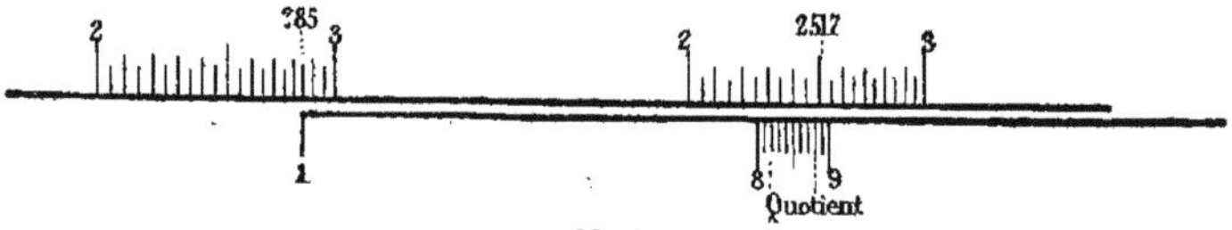

No 26

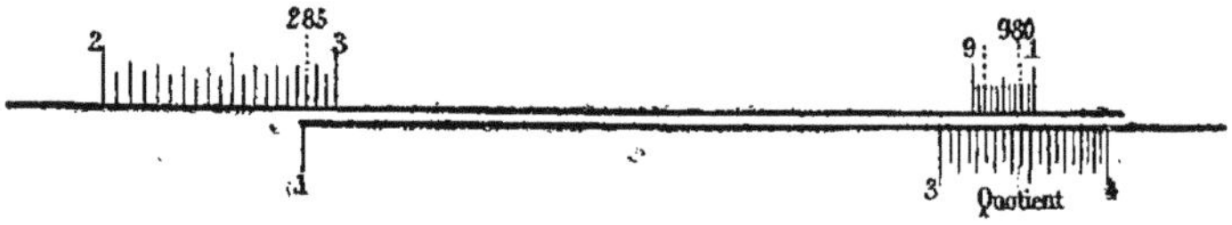

No 27

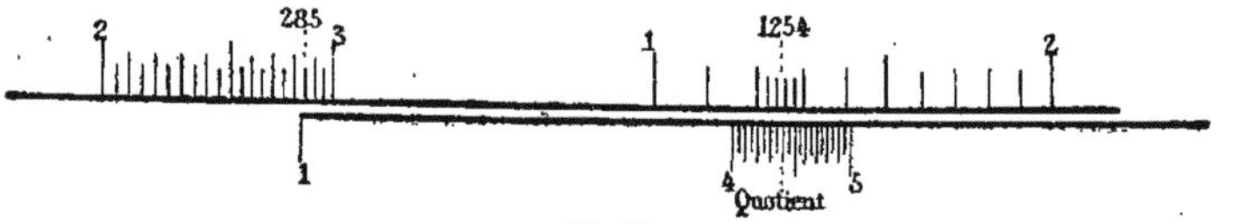

No 28

No 29

No 30

No 31

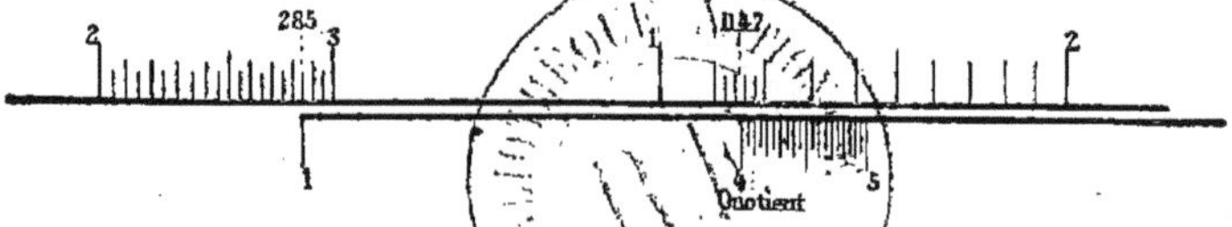

4229. — Tours, impr. Mame.

LE

COURS ÉLÉMENTAIRE DE MATHÉMATIQUES

COMPREND LES OUVRAGES SUIVANTS :

Éléments d'Arithmétique.
—   d'Algèbre.
—   de Géométrie.
—   de Trigonométrie.
—   d'Arpentage et de Nivellement.
—   de Géométrie descriptive.

3607. — Tours, impr. Mame.